国家出版基金项目
NATIONAL PUBLICATION FOUNDATION

地球观测与导航技术丛书

星载雷达干涉测量及时间序列分析的原理、方法与应用

陈富龙　林　珲　程世来　著

科 学 出 版 社
北 京

内 容 简 介

本书从星载合成孔径雷达发展历程出发,采取理论阐述、案例分析、实践验证相结合方式,系统地介绍了雷达干涉原理、相干处理误差源、时间序列雷达干涉;以干涉大气分析、地物分类、地形信息提取、潜在滑坡监测、大型人工线状地物、大范围城市群地表形变反演应用为例,提出了对应的处理方法和改善模型。

本书内容新颖、图文并茂、理论联系实际,可供从事遥感、测绘、地质、地震、对地观测技术与导航学科领域的研究人员及大专院校相关专业本科、研究生和教师学习和参考使用。

图书在版编目(CIP)数据

星载雷达干涉测量及时间序列分析的原理、方法与应用/陈富龙,林珲,程世来著 . —北京:科学出版社,2013.3
 (地球观测与导航技术丛书)
 ISBN 978-7-03-037020-4

I. ①星… II. ①陈…②林…③程… III. ①卫星载雷达-干涉测量法-研究 IV. ①TN959.74

中国版本图书馆 CIP 数据核字(2013)第 045556 号

责任编辑:朱海燕 韩 鹏 吕晨旭 / 责任校对:郑金红
责任印制:徐晓晨 / 封面设计:王 浩

科 学 出 版 社 出版
北京东黄城根北街 16 号
邮政编码:100717
http://www.sciencep.com

北京虎彩文化传播有限公司 印刷
科学出版社发行 各地新华书店经销

*

2013 年 3 月第 一 版   开本:787×1092 1/16
2021 年 7 月第五次印刷   印张:10 1/2
字数:224 000

定价:129.00元
(如有印装质量问题,我社负责调换)

《地球观测与导航技术丛书》编委会

顾问专家

徐冠华　龚惠兴　童庆禧　刘经南　王家耀

李小文　叶嘉安

主　编

李德仁

副主编

郭华东　龚健雅　周成虎　周建华

编　委（按姓氏汉语拼音排序）

鲍虎军　陈　戈　陈晓玲　程鹏飞　房建成

龚建华　顾行发　江碧涛　江　凯　景贵飞

景　宁　李传荣　李加洪　李　京　李　明

李增元　李志林　梁顺林　廖小罕　林　珲

林　鹏　刘耀林　卢乃锰　孟　波　秦其明

单　杰　施　闯　史文中　吴一戎　徐祥德

许健民　尤　政　郁文贤　张继贤　张良培

周国清　周启鸣

《地球观测与导航技术丛书》出版说明

地球空间信息科学与生物科学和纳米技术三者被认为是当今世界上最重要、发展最快的三大领域。地球观测与导航技术是获得地球空间信息的重要手段,而与之相关的理论与技术是地球空间信息科学的基础。

随着遥感、地理信息、导航定位等空间技术的快速发展和航天、通信和信息科学的有力支撑,地球观测与导航技术相关领域的研究在国家科研中的地位不断提高。我国科技发展中长期规划将高分辨率对地观测系统与新一代卫星导航定位系统列入国家重大专项;国家有关部门高度重视这一领域的发展,国家发展和改革委员会设立产业化专项支持卫星导航产业的发展;工业与信息化部和科学技术部也启动了多个项目支持技术标准化和产业示范;国家高技术研究发展计划(863 计划)将早期的信息获取与处理技术(308、103)主题,首次设立为"地球观测与导航技术"领域。

目前,"十一五"计划正在积极向前推进,"地球观测与导航技术领域"作为 863 计划领域的第一个五年计划也将进入科研成果的收获期。在这种情况下,把地球观测与导航技术领域相关的创新成果编著成书,集中发布,以整体面貌推出,当具有重要意义。它既能展示 973 和 863 主题的丰硕成果,又能促进领域内相关成果传播和交流,并指导未来学科的发展,同时也对地球观测与导航技术领域在我国科学界中地位的提升具有重要的促进作用。

为了适应中国地球观测与导航技术领域的发展,科学出版社依托有关的知名专家支持,凭借科学出版社在学术出版界的品牌启动了《地球观测与导航技术丛书》。

丛书中每一本书的选择标准要求作者具有深厚的科学研究功底、实践经验,主持或参加 863 计划地球观测与导航技术领域的项目、973 相关项目以及其他国家重大相关项目,或者所著图书为其在已有科研或教学成果的基础上高水平的原创性总结,或者是相关领域国外经典专著的翻译。

我们相信,通过丛书编委会和全国地球观测与导航技术领域专家、科学出版社的通力合作,将会有一大批反映我国地球观测与导航技术领域最新研究成果和实践水平的著作面世,成为我国地球空间信息科学中的一个亮点,以推动我国地球空间信息科学的健康和快速发展!

李德仁
2009 年 10 月

序

在全球和我国对地观测领域蓬勃发展过程中，干涉雷达技术作为其重要分支，由于在地质调查、资源评估、防灾减灾等领域的作用和应用前景，正日益得到学术界、工业界和政府的高度重视。该领域科技人才的培养形势也由于社会需求而显示出其迫切性。为此，系统性的理论总结与教学参考资料的撰写非常必要。当前，整理雷达干涉，尤其是时间序列干涉理论、方法及应用案例就是一项非常有意义的工作。陈富龙研究员、林珲教授、程世来博士送来他们新著书稿并请作序，我欣然应允。该书反映了他们对国际学术前沿的敏锐洞察力、对学科发展的深度分析力，是年轻的干涉雷达遥感领域又一本难得的优秀专著。

自 20 世纪七八十年代干涉合成孔径雷达（interferometry synthetic aperture radar，InSAR）和差分干涉雷达（differential interferometry SAR，DInSAR）相继诞生以来，干涉雷达技术大覆盖、高精度的遥感能力在地形制图、地震形变、火山活动、冰川漂移和地表沉降等领域发挥着重要的乃至唯一的作用。我国雷达遥感从国家"六五"计划以来，一直得到国家的支持。经过几代科学家的不懈努力，无论是雷达系统研制、基站建设还是应用研究都得到了长足的进步。目前我国已拥有多波段、多极化、多模式机载 SAR 系统；自主研发的星载 SAR 卫星（HJ-1C）也即将发射；雷达遥感应用研究成果更是层出不穷。

林珲教授自 1993 年入职香港中文大学以来，结合我国热带亚热带地区多云多雨环境的特点，选择微波遥感作为切入点，启动了多项包括香港特区在内的珠江三角洲环境遥感课题，并与中国科学院合作开展了香港首次雷达航空遥感试验，建设以接收雷达卫星数据为重点的香港卫星遥感地面接收站，吸引了来自国内外的优秀青年学者，逐步形成了有特色的遥感科技团队。该团队的研究重点之一就是干涉雷达遥感技术，研究目标涉及机场与铁路等交通基础设施形变、地震区的地面形变、城市与矿区地表沉降、山地滑坡等重要问题。其研究成果频见诸于国际重要学术期刊论文和国际学术会议的最佳论文。林珲教授也由于其推动香港与珠江三角洲地区遥感事业的发展以及其对于亚洲遥感事业的贡献获得 2009 年亚洲遥感协会杰出贡献奖。

陈富龙研究员从 2003 年起就潜心从事雷达遥感研究，2008 年加盟香港中文大学太空与地球信息科学研究所，2012 年入选中国科学院"百人计划"，加入中国科学院对地观测与数字地球科学中心，专注于干涉雷达地表形变、自然与文化遗产监测的研究。他主持和参与了国家自然科学基金、香港研究资助局、创新科技署科研项目；参与了"龙计划"二期/三期工程，通过同国际专家交流合作，力争科研成果保持与国际前沿一致。陈富龙研究员结合国家城市化进程、高速轨道交通网建设、防灾减灾等国家战略需求，不失时机地抓住了以永久散射体干涉（PS-InSAR）为主导的长时间序列干涉雷达技术，在大范围城市群地表形变、高速交通网监测、滑坡体驱动力等分析领域进行了系统的研究，获得了一系列显著成果并获同行专家一致好评。陈富龙研究员与林珲教授合作的论文获得亚洲遥感协会 2011 年村井俊治奖。

程世来博士于 2008 年初进入香港中文大学攻读博士学位，并加入林珲教授雷达遥感研究团队。他着眼于雷达干涉的大气误差，多层面探索了基于同步多源水汽观测数据的 InSAR 大气延迟比较及误差改正理论方法，提出了基于 SAR 时间序列反演细尺度水汽场的研究方法。研究成果对于 InSAR 大区域高精度形变监测及未来气象学应用，均具有重要意义，获得同行专家的认可与好评。

该书展示了作者们的系统研究成果，从理论、方法和应用的角度，详细地介绍了时间序列干涉雷达技术；全书体系完整、层次清晰、表达流畅、深入浅出。在当前多时相干涉雷达技术研究不断深入和产业化的今天，该书所展示的理论研究和相关技术方法无疑将对我国干涉雷达理论、技术和应用的发展起到有益的促进和带动作用。

中国科学院院士
中国科学院对地观测与数字地球科学中心主任

2012 年 9 月 18 日

前　　言

　　合成孔径雷达(synthetic aperture radar, SAR)最早发展于 20 世纪 50 年代,是主动有源微波系统,其设计初衷是应用于国防军事。鉴于其全天时、全天候、多极化、高分辨率获取地面散射特性能力,合成孔径雷达被国内外学者广泛应用在地形测绘、地质地震、国土资源、防灾减灾及海洋勘探等国民经济和社会各领域。雷达干涉(InSAR)及差分雷达干涉(DInSAR)是雷达微波成像和电磁波干涉两大技术的结合体,在数字高程模型制作和地表形变监测方面具有独一无二的优势。1999 年以永久散射体为代表的 PS-InSAR(persistent scatterer interferometry SAR)克服了传统 DInSAR 时间、空间去相干和大气扰动缺陷,迸发出该技术在大范围、高精度、长时间缓慢地表形变监测的独特能力。雷达干涉基于面观测的特性可弥补点观测地面测量技术(精密水准、全球定位系统、沉降仪)采样点稀疏、施工周期长等不足,可用于地球物理模型反演、地质机理分析、形变灾害预测等科学研究。

　　自第一颗 SAR 卫星 Seasat 进入轨道后,相继有 10 多个 SAR 卫星成功发射并投入工作,如 JERS-1,ERS-1/2, ENVISAT, Radarsat 1/2, ALOS PALSAR, TerraSAR-X, COSMOS-SkyMed 等,而雷达干涉是其重要应用之一。目前星载 SAR 系统正朝着高分辨率、多极化、多模式和高重访方向发展。分辨率已从早期的 20m 左右发展到目前的 1m;全极化星载 SAR 系统已业务化运行;平台具备了聚束、条带、宽幅等多种模式;重访周期已从几十天缩短为 1 天。值得一提的是,我国自主研发的 SAR 测绘卫星(HJ-1C)也即将发射,其分辨率可达 3m,S 波段。这些既为我国从事雷达干涉的科学家提供了机遇,也带来了新的挑战。为此,有必要深入开展雷达干涉系统理论研究和应用研究,尤其是新型 PS-InSAR 方法和模型研究,以缩短与国际前沿差距,攻占科技战略制高点。

　　本书从星载 SAR 发展历程出发,全面系统地介绍星载雷达干涉及时间序列分析的原理、方法和应用。全书共分 10 章。第 1 章为绪论,介绍星载 SAR 系统发展历程、数据特性及 InSAR 应用。第 2 章首先介绍 InSAR 和 DInSAR 基本原理,然后详细地介绍 InSAR/DInSAR 数据处理的基本流程。第 3 章围绕着 InSAR 数据处理误差进行阐述和分析,并给出解决方案。第 4 章在总结传统 DInSAR 缺陷的基础下,引入 PS-InSAR 技术,并对当前主流的方法进行阐述和分析。第 5 章首先介绍了 InSAR 大气效应及水汽观测值的特性,从水汽信号分解出发,分析比较了水汽信号在 InSAR、Global Positioning System(GPS)和同步资料的时空分布规律。第 6~9 章着重介绍 PS-InSAR 技术应用。第 6 章,从 InSAR 数据源特性出发,首先分析地物相干特性,然后使用散射和相干时间序列特性,进行地物分类研究;利用时间序列分析模型,进行地形信息提取和反演。第 7 章利用长波 InSAR 数据,探索、研究了 PS-InSAR 在潜在滑坡和预警领域的潜力。第 8 章结合我国高速轨道交通网建设和运营维护需求,提出了利用 PS-InSAR 进行路基及周边地区形变预警方法研究,为感兴趣靶区自动化提取和分析提供了解决方案。第 9

章针对我国城市化进程和城市群发展规划,使用 PS-InSAR 进行大范围、高精度地表形变反演研究,提出了误差抑制方法和形变反演模型。第 10 章对本书内容进行了小结,分析和展望了 PS-InSAR 发展趋势和未来前景。本书第 1~4 章由陈富龙研究员撰写、林珲教授校对;第 5 章由程世来博士撰写、陈富龙研究员校对;第 6~10 章由陈富龙研究员撰写、林珲教授负责校对。本书撰写得到了中国科学院院士、中国科学院对地观测与数字地球科学中心的郭华东研究员热情指导并欣然作序;美国地质调查局的路中研究员、香港理工大学的丁晓利教授、西南交通大学刘国祥教授和中国科学院对地观测与数字地球科学中心的王超研究员为本书理论方法和技术审核提供了宝贵意见。

感谢国家自然科学基金 No.41171146、香港大学教育资助委员会(CUHK450210)、香港创新及科技基金(ITS/152/11FP)等项目的支持。

期望本书的出版,能为国内同行科研和工作提供便利和借鉴。由于作者水平有限,书中难免存在不妥之处,敬请读者不吝赐教。

陈富龙　林　珲　程世来

2011 年 11 月于香港

目　　录

第1章 绪 论

1.1 星载合成孔径雷达系统

合成孔径雷达研制成功于 20 世纪 50 年代末，它是一种主动式微波传感器，能够不受光照和天气的影响，实现全天时、全天候对地观测，是常年多云多雨地区最有效的数据获取方式。由于 SAR 发射微波脉冲，因此可以在一定程度上穿透植被、甚至地表，获取地表下信息。1981 年美国"哥伦比亚"号航天飞机搭载的 SIR-A 雷达影像成功观察到撒哈拉沙漠地下古河道，显示了 SAR 穿透能力并引起国际科技界震动（McCauley et al.，1982）。这些特性使得 SAR 在农业、林业、国土资源、地质、水文、测绘与军事等领域具有独到的应用价值，受到各国政府和科研机构重视，并得到迅猛发展。鉴于对 SAR 数据源的迫切需求，延伸影像应用范围，经过科研工作者的不懈努力，SAR 完成了从构思—实验室—机载—星载的历程（王超等，2002）。1978 年 6 月 27 日 JPL 海洋卫星 SEASAT 的发射成功，标志着雷达遥感从此步入了星载时代。

不同于光学遥感，SAR 传感器发射微波脉冲，获取的复影像记录了两个属性信息：①强度影像，即地物散射强度，影像表征类似于光学全色影像，如图 1.1(a) 所示；②相位影像，记录了目标与传感器之间的距离信息，如图 1.1(b) 所示。SAR 为斜距成像，该成像几何特性在雷达影像上可表征为透视收缩、叠掩、阴影等现象（舒宁，2000）；由于相干成像，雷达影像又表征为斑斑点点，称之为斑噪，具体原理参见郭华东等（2000）的文献。合成孔径雷达干涉测量技术（InSAR）是 SAR 成像技术和电磁波干涉技术相结合的产物，它通过雷达复影像数据的相位信息来获取地形和地表变化信息（廖明生、林珲，

(a) 强度影像   (b) 相位影像

图 1.1 雷达复数据影像

2003)。InSAR 工作模式主要包括两种：单轨模式，即通过两幅天线同时获取同一场景复影像对；重复轨道模式，即通过不同时刻两次近平行重复观测获取同一场景复影像对。复影像对共轭相乘，可获取雷达干涉纹图。干涉纹图中包含了监测目标与两天线位置之差的精确信息；可以利用传感器高度、雷达波长、视向及天线基线距离等几何关系，精确测量图像上每个像素的三维地表信息和变化信息（王超，1997）。

　　具有干涉能力的星载 SAR 平台主要包括：1991 年 7 月和 1995 年 4 月欧洲空间局相继发射的 ERS-1/2，1992 年 2 月日本发射的 JERS-1，1995 年 11 月加拿大发射的 Radarsat-1，2002 年 6 月欧洲空间局发射的 ENVISAT ASAR，2006 年 1 月日本发射的 ALOS-PALSAR，2007 年 6 月德国发射的 TerraSAR-X，2007 年 12 月加拿大发射的 Radarsat-2，2007 年 6 月起始意大利发射的 COSMO-SkyMed 星座，如图 1.2 所示。

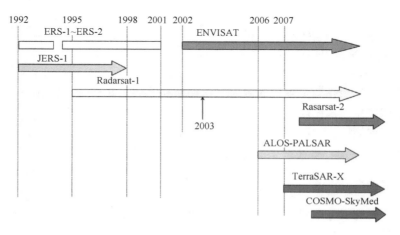

图 1.2　星载 SAR 系统发展历程

1.1.1　星载 SAR 成像模式

　　随着星载技术，尤其是卫星测控技术的发展，当前新型星载 SAR 平台可以通过控制天线获得不同分辨率、空间覆盖的聚束、条带和扫描模式影像，如图 1.3 所示，以满足不同行业对数据的需求。

　　1. 聚束模式（SpotLight）

　　聚束模式是在方位向采用相阵列波束控制技术增强照射时间，也就是等价于合成了天线孔径的尺寸。得益于等效孔径的增大，星载 SAR 具备获取更高方位向空间分辨率。为了纠正方位向影像尺寸，采用聚束的天线波束能停留在一景并且让景长符合天线波束宽度。

　　2. 条带模式（Strip）

　　这是最常用的 SAR 成像模式。当天线波束采用固定的仰角和方位角度时，利用连续的脉冲序列发射微波，形成地面条带。这种模式下生成的影像带在方位向成像质量不变。条带的长度取决于平台电池能量、数据存储能力和传感器的热量状态。

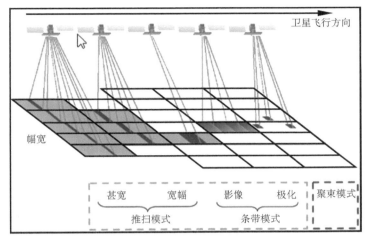

图 1.3　聚束、条带和扫描成像模式示意图 *

3. 扫描模式（ScanSAR）

扫描模式利用多个条带波束联合工作以用于扩大 SAR 对地观测幅宽。每个波束成像区域成为子测绘带，虽然该模式得到了较大幅宽，方便于大范围监测，但是以下降方位向空间分辨率为代价。

1.1.2　星载 SAR 数据参数

1. ERS-1/2

1991 年 7 月以德国、英国、法国、意大利等 12 个成员国组成的欧洲空间局（ESA）发射了欧洲的地球资源卫星 ERS-1（European remote sensing satellite-1），卫星采用法国 SPOT1/2 卫星系列的 MK-1 平台，装载了 C 波段 SAR，VV 极化模式，入射角 23°，获得了地面 30m 分辨率和 100km 观测带高质量雷达影像，这也是该组织第一次使用星载 SAR 技术实施对地观测。ERS 系统卫星是民用卫星，主要用途是对陆地、海洋、冰川、海岸线成像观测。ERS-1 计划工作时间为 5 年，由于系统性能良好直到 2000 年 3 月才停止服务。1995 年 4 月，ERS-1 的后继星 ERS-2 发射升空，其系统参数与 ERS-1 基本一致。ERS-1/2 串行模式时间基线缩短为 1 天，克服了时间去相干的影响，进一步增强了该平台干涉成像能力。ERS-1/2 系统参数如表 1.1 所示。

---

* Csk-user guide. 2011. http：//www. e-geos. it/products/pdf/csk-user_guide. pdf. 2010-12-08

表 1.1　ERS-1/2 系统参数

轨道	高度：780km；倾角：98.5°
波长/cm	5.6
频率/GHz	5.3
极化	VV
视角/(°)	20
入射角/(°)	23
重访周期/天	35
系统带宽/MHz	15.5
方位向分辨率/m	28
距离向分辨率/m	26
PRF/Hz	1640~1720
天线尺寸/(m×m)	10×1
峰值旁瓣比	方位向>20dB；距离向>18dB
模糊度	方位向>20dB；距离向>31dB

2. JERS-1

JERS-1(Japanese earth resources satellite)是由日本航天发展局(NASDA)、日本国际工业贸易部(MITI)和日本科技部(STA)三家共同负责完成的第一个雷达卫星系统。NASDA 和 STA 负责卫星平台，MITI 负责载荷。JERS-1 卫星 1992 年 2 月发射升空，采用 L 波段，HH 极化模式，入射角 38°，分辨率 30m，观测测绘带 75km。该卫星的主要用途为地质研究、农业林业应用、海洋观测、地理测绘、环境灾害监测等。1998 年 10 月因姿态控制系统故障终止服务，设计寿命为两年，实际在轨工作 6 年半。JERS-1 系统参数如表 1.2 所示。

表 1.2　JERS-1 系统参数

轨道	高度：568km；倾角：97.7°
波长/cm	23.5
频率/GHz	1.275
极化	HH
视角/(°)	35
入射角/(°)	38
重访周期/天	44
系统带宽/MHz	15
方位向分辨率/m	18
距离向分辨率/m	18
PRF/Hz	1505~1606
天线尺寸/(m×m)	11.9×2.2

3. Radarsat-1/2

1) Radarsat-1

Radarsat-1 是加拿大发展的第一颗商业运作模式雷达观测卫星。加拿大航天局于 1989 年开始研制该颗卫星，并于 1995 年 11 月发射成功，1996 年 4 月正式工作，它是一个兼顾商用和科学研究用途的雷达系统，主要目的是监测地球环境和自然资源变化。与其他 SAR 卫星不同，它首次采用了可变视角的 ScanSAR 成像模式，以 500km 的幅宽每天可以覆盖北极区一次，几乎覆盖整个加拿大，每隔三天覆盖一次美国和其他北纬地区；全球覆盖只需 5 天。Radarsat-1 采用 C 波段，HH 极化模式，空间分辨率和入射角因不同成像模式从 10～100m，20°～59°不等。Radarsat-1 可用于海冰监测、地质地形、农业、水文、林业、海岸测图等领域，其系统参数如表 1.3 所示，平台成像模式及其数据参数如表 1.4 所示。

表 1.3　Radarsat-1 系统参数

轨道	高度：789km；倾角：98.6°
波长/cm	5.6
频率/GHz	5.3
极化	HH
入射角/(°)	20～59
重访周期/天	24
系统带宽/MHz	11.6, 17.3, 30
空间分辨率/m	10～100
天线尺寸/(m×m)	15×1.5

表 1.4　Radarsat-1 成像模式和数据参数

工作模式	波束位置	入射角/(°)	标称分辨率/m	标称幅宽/(km×km)
精细模式	F1-F5	37～48	10	50×50
标准模式	S1- S7	20～49	30	100×100
宽模式	W1-W3	20～45	30	150×150
窄幅 ScanSAR	SN1	20～40	50	300×300
	SN2	31～46	50	300×300
宽幅 ScanSAR	SW1	20～49	100	500×500
超高入射角模式	H1-H6	49～59	25	75×75
超低入射角模式	L1	10～23	35	170×170

2) Radarsat-2

Radarsat-2 是继 Radarsat-1 之后的新一代商用合成孔径雷达卫星，它是由 CSA(Canadian Space Agency)和 MDA(MacDonald，Dettwiler & Associates Ltd)联合投资开发的星载系统。Radarsat-2 继承了 Radarsat-1 所有的工作模式，并在原有基础上增加了多

极化成像，3m 高空间分辨率，双通道（dual-channel）成像和 MODEX（moving object detection experiment）。Radarsat-2 具有跟 Radarsat-1 相同轨道，时间滞后 30min，这就提高了双星干涉能力。Radarsat-2 可给用户提供全极化高分辨率的星载雷达影像，增强了其在地形测绘、环境监测、海洋和冰川等领域的观测能力，对应系统参数及其数据参数如表 1.5，表 1.6 所示。

表 1.5　Radarsat-2 系统参数

轨道	高度：798km；倾角：98.6°
波长/cm	5.56
频率/GHz	5.4
极化	HH，HV，VH，VV
入射角/(°)	20～60
重访周期/天	24
系统带宽/MHz	11.6，17.3，30，50，100
空间分辨率/m	3～100
天线尺寸/(m×m)	15×1.5

表 1.6　Radarsat-2 工作模式和数据参数

工作模式	极化	入射角/(°)	标称分辨率/(m×m)	标称幅宽/(km×km)
超精细	可选单极化 (HH/VV/HV/VH)	30～40	3×3	20×20
多视精细		30～50	8×8	50×50
精细	可选单＆双极化 (HH/VV/HV/VH) ＆(HH/HV，VV/VH)	30～50	8×8	50×50
标准		20～49	25×26	100×100
宽		20～45	30×26	150×150
四极化精细	四极化 (HH/VV/HV/VH)	20～41	12×8	25×25
四极化标准		20～41	25×8	25×25
高入射角	单极化(HH)	49～60	18×26	75×75
窄幅扫描	可选单＆双极化 (HH/VV/HV/VH) ＆(HH/HV，VV/VH)	20～46	50×50	300×300
宽幅 ScanSAR		20～49	100×100	500×500

4. ENVISAT ASAR

ENVISAT 卫星是欧洲空间局于 2002 年 3 月发射升空的 ERS 系列后继星。在 ENVISAT 卫星上载有多个传感器，其中最主要的便为 ASAR（advanced synthetic aperture radar）合成孔径雷达传感器。该传感器发射 C 波段，多极化，采用分布式 T/R 组件及相控阵技术。相对 ERS 而言，ASAR 具有若干独特性质，如多极化、可变观测角度和宽幅成像等，其系统、数据参数如表 1.7，表 1.8 所示。

表 1.7　ENVISAT ASAR 系统参数

轨道	高度：800km；倾角：98.6°
波长/cm	5.6
频率/GHz	5.3
极化	多极化
入射角/(°)	15～45
重访周期/天	35
系统带宽/MHz	16
空间分辨率/m	30～1000
天线尺寸/(m×m)	10×1.3

表 1.8　ENVISAT ASAR 工作模式和数据参数

工作模式	极化	入射角/(°)	标称分辨率/m	标称幅宽/km
成像模式	VV 或 HH		30	100
交叉极化模式	VV/HH；VV/VH；HH/HV		30	100
宽幅模式	VV 或 HH	15～45	150	405
全球监测模式	VV 或 HH		1000	400
波谱模式	VV 或 HH		10	5

5. ALOS PALSAR

先进陆地观测卫星 ALOS(advanced land observing satellite)是由日本 NASDA 机构研发，于 2006 年 1 月发射成功。它是 JERS-1 和 ADEOS 的后继星，采用了先进的陆地观测技术，能够获取全球高分辨率陆地观测数据，可应用于测绘、区域环境遥感、灾害监测、资源调查等领域。平台搭载了三个传感器：全色遥感立体测绘仪、先进可见光与近红外传感器和相控阵 L 波段合成孔径雷达(PALSAR)。PALSAR 可实现全天候观测，对应系统和数据参数如表 1.9 所示。

表 1.9　ALOS PALSAR 系统和数据参数

轨道	高度 691.6km；倾角 98.2°；重访周期 46 天			
波长/cm	23.6			
天线尺寸/(m×m)	8.9×3.1			
工作模式	高分辨率		扫描	全极化
极化	HH 或 VV	HH/HV 或 VV/VH	HH 或 VV	HH/HV/VV/VH
带宽/MHz	28	14	14，28	14
入射角/(°)	9.9～50.8	9.7～26.2	18～43	8～30
地面分辨率/m	7.0～44.3	14.0～88.6	100	24.1～88.6
观测带/km	40～70		250～350	30

6. COSMO-SkyMed

COSMO-SkyMed 雷达对地观测系统是由意大利国防部(MOD)和意大利空间局(ASI)共同资助,意大利阿莱尼亚航天公司负责研制的对地观测系统。该系统由 4 颗低地轨道中型卫星组成,每颗卫星配备一个多模式高分辨率合成孔径雷达(SAR),雷达工作于 X 波段(3.1cm),并且配套有特别灵活和创新的数据获取和传输设备。星座分阶段发射,首颗卫星发射于 2007 年 6 月,第二颗发射于 2007 年 12 月,第三颗发射于 2008年 10 月,第四颗于 2010 年 11 月发射成功。从此,COSMO-SkyMed 雷达卫星星座彻底进入四星运作、高效运营模式。COSMO-SkyMed 是第一个兼备军民两用的对地观测卫星星座,是全球第一颗分辨率高达 1m 的雷达卫星,具有雷达干涉测量、全天候全天时对地观测能力以及卫星星座特有的短重访周期等优势,它主要应用于全球风险预测、环境灾害管理领域,以及国家安全、科研领域及各项商用服务。对应系统和数据参数如表1.10 所示。

表 1.10　COSMO-SkyMed 系统和数据参数

轨道	高度 619.5km;倾角 97.86°;重访周期 16(4/1)天				
波长/cm	3.1				
天线尺寸/(m×m)	6×1.2				
入射角/(°)	25~51				
带宽/MHz	300				
工作模式	聚束	条带		扫描	
		Himage	PingPong	Wide	Huge
极化	HH 或 VV	HH 或 VV	HH, HV, VV, VH	HH 或 VV	HH 或 VV
地面分辨率/m	1	3	15	30	100
观测带/km	11	40	30	100	200

7. TerraSAR/TanDEM

德国雷达卫星 TerraSAR-X 于 2007 年 6 月发射成功,它是首颗由德国宇航中心和欧洲 EADS Astrium 公私共建卫星,EADS Astrium 公司负责提供研发、建造、部署卫星的经费。德国宇航中心负责卫星数据的处理,Infoterra GmbH 公司负责商业市场运作。TerraSAR-X 是德国在建的波段卫星星座第一颗卫星,卫星的正常运作标志着德国地球测绘技术达到新的高度。这个星座是一套军民两用卫星系统,为全球数字地形模式提供支持。TerraSAR-X 的姊妹星"陆地合成孔径雷达附加数字高程测量"(TanDEM-X)已于 2010 年 6 月发射成功,并同 TerraSAR-X 协同工作,将于 2012 年提供全球高精度数字高程模型。TerraSAR-X 系统及数据参数如表 1.11 所示。

表 1.11 TerraSAR-X 系统及数据参数表

轨道	高度 514km；倾角 97.4°；重访周期 11 天			
波长/cm	3.1			
天线尺寸/(m×m×m)	4.78×0.70×0.15			
极化	单极化，交叉极化和全极化模式			
工作模式	高分辨率聚束	聚束	条带	扫描
入射角/(°)	20～55	20～55	20～45	20～45
地面分辨率/m	1.2×1.0（距离向×方位向）	1.2×2.0	3×3	16×15
观测带/km	15×5	15×10	30	100

1.2 雷达干涉测量简介

利用成像雷达干涉技术，通过比较 SAR 图像干涉相位，人们可以探测到地球在几年甚至几天时间内的细微变化，监测具有全球性、准确性、全天时和全天候，其精度可达厘米至毫米级。此项技术可广泛应用于冰川、地震、地质调查、火山、地表沉降等研究中。雷达干涉测量利用复数据雷达信号——相位这个附加信息源来提取地球表面三维和形变信息。Rogers 和 Ingalls(1969)首次将无线电干涉测量技术应用于金星表面观测。Zisk(1972)采用相同技术来测量月球地形。Graham(1974)首次将 SAR 引入地图制图。Zebker 和 Goldstein(1986)给出了利用机载侧视雷达的第一个实用观测结果，他们在飞机上放置了两个间距为 11.1m 的天线，一个天线发射信号经地面物质散射后被两个天线同时接收，处理获得的 DEM 偏差均方根为 2～10m。Goldstein 等(1988)首次利用 SEASAT 星载 SAR 获取了死亡谷 Cottonball 盆地数据，其结果跟 USGS 地形图很吻合。Li 和 Goldstein(1990)研究了因选取不同基线对获取地形图的影响，实验发现，干涉纹图随着基线呈有规律的变化。

随着 1991 年欧洲空间局 ERS-1 发射成功，尽管雷达干涉测量当时并未纳入该星设计指标，但一系列振奋人心有关地形和形变的干涉应用研究(Hartl，1991；Hartl et al.，1993；Prati et al.，1993；Prati and Rocca，1994)极大地推动了星载雷达干涉蓬勃发展。鉴于丰富的存档数据，雷达干涉应用及数据处理算法一度成为研究热点。特别是，1995年 ERS-2 发射成功，由于 ERS-1 和 ERS-2 前后串接模式可以提供时间间隔仅一天的干涉数据对，减小了时间去相干的影响，延拓了雷达干涉测量的应用面。差分雷达干涉使得提取微小形变场成为可能。Massonnet 等(1993)首次展示了使用该技术提取 Landers地震形变，他使用了参考数字高程模型来去除地形相位信息。Zebker 等(1994)提出了利用三轨法差分雷达干涉提取 Landers 震区形变场，处理过程中参考地形相位可利用短时间基线、大空间基线的干涉影像对反演获取。目前星载雷达干涉系统种类越来越多(ERS-1/2，JERS-1，Radarsat-1/2，ENVISAT ASAR，ALOS PALSAR，TerraSAR-X，COSMO-SkyMed)，数据分辨率不断提高，多波段、多极化、多模式星载雷达数据不仅进一步丰富了雷达干涉数据，而且更好地推动了雷达干涉理论和应用研究，为国民经济各领域提供服务。

1.2.1　交轨干涉测量

图 1.4 是交叉轨道干涉测量的示意图。利用一副天线发射雷达波，再利用两幅天线同时接收来自地面物体的散射回波，由于两幅天线接收的回波具有一定的相干性，经过干涉处理之后得到的两幅复雷达影像相位差记录了两幅天线与地面目标之间的路径差，而路径差又同地形直接相关。因此，如果能够获知干涉测量系统的几何状态参数，即可使用相位差反演获取地形的高程信息。图像像素坐标记录了雷达影像在方位向和距离向的坐标信息，而相位差又能计算获取高程信息，这是雷达干涉能重建目标三维目标信息的原理。由于交轨干涉测量方法需要两个天线同时固定在平台上，目前技术只能在机载系统上实现。

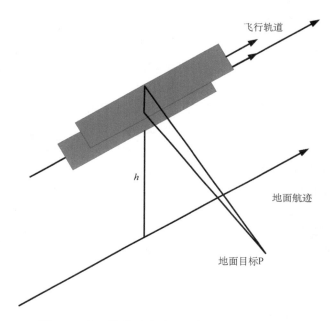

图 1.4　交叉轨道干涉测量示意图（王超等，2002）

1.2.2　顺轨干涉测量

同交轨干涉测量相同，顺轨干涉测量也需要在平台上安装两个天线，但与交轨不同的是，顺轨的两幅天线沿着机身，而交叉垂直于机身飞行方向，如图 1.5 所示。目前该干涉测量方式也主要适用于机载系统。Glodstein 和 Zebker(1987)提出了该技术，在不同时间对同一地区进行成像研究地表变化。该技术同时支持利用时间序列影像，通过测量图像对的相位差，进而监测目标运动状况。如果在 SAR 观测时的飞行路径和成像几何参数相同的话，那么干涉相位差就表征了 SAR 系统时间漂移、传播延迟或地物在雷达视线向的位移。该技术常用于水流制图、动目标监测以及定向波谱的测量(Goldstein and Zebker，1987；Orwig and Held，1992)。

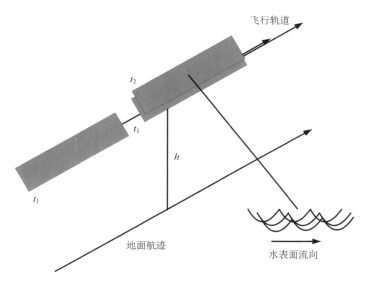

图 1.5　顺轨干涉测量示意图(王超等，2002)

1. 2. 3　重复轨道干涉测量

　　重复轨道干涉测量只需要一副天线，如图 1.6 所示，它通过在不同时间对同一场景进行成像，只要成像期间地表仍能保持一定相干性，就能实现干涉测量。这种方式需要

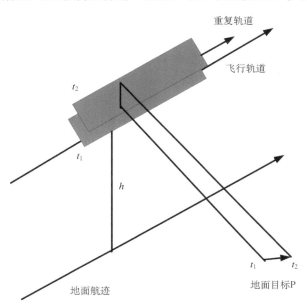

图 1.6　重复轨道干涉测量示意图(王超等，2002)

飞行轨道的精确位置，因卫星不受大气的影响通常比机载系统轨道稳定，因此重复轨道干涉测量是目前星载干涉 SAR 系统最常用方式。卫星通过近乎相同的轨道，以略有差别的探测几何关系两次照射同一地区。重复轨道 SAR 干涉测量既可以反演地形高程，又可以监测地表形变（轨道完全重合，即对地形不敏感）。然而，对于多数重复轨道干涉测量系统来说，轨道不可能完全重合，因此干涉相位包含了地形和视线向位移信息。这就需要去除参考地形信息，进而获取视线向位移信息，这种技术又称为差分雷达干涉技术（Massonnet et al. ，1993；Zebker et al. ，1994）。

1.3 雷达干涉测量应用

InSAR 最初的发展动力是为了提取地形，即数字地面高程模型（digtial elevation model，DEM），然而随着星载 SAR 平台和 InSAR 技术的不断发展，其应用领域也越来越广泛，主要包括四个方面。

1.3.1 地 形 测 量

目前，使用星载雷达干涉测量技术获取 DEM 已相当成熟（Zebker and Villasenor，1992；Marechal，1995；Geudtner et al. ，2001；Liao et al. ，2007；Bombrum et al. ，2009），典型代表是市场上有大量的商用软件，在没有专家指导下，即能利用雷达干涉技术生产 DEM 数据。串行的 ERS-1/2 时间间隔为一天，是最为有效的地形测量 SAR 干涉数据源之一。雷达干涉技术同光学立体测量一样，都是用两景影像用来测量地形信息，然而两者技术却截然不同。光学立体测量是使用不同角度测量获取的视差来计算地形，而雷达干涉技术则是使用测距的相位信息。此外，雷达全天时、全天候的特性，使得该技术在多云多雨地区具有很好的适用性。

1.3.2 海 洋 测 绘

雷达干涉测量用于测量表面水流的技术首先由 JPL 的 Goldstein 和 Zebker(1987)提出，他们使用机载 L 波段 SAR 系统顺轨干涉雷达提取了水流速度信息。经过数据处理之后，顺轨干涉测量记录的相位差是由表面运动引起的，它是对海洋表面滞后时间相干性的直接测量。运动来源包括风、潮流、海浪在平台上的投影速度、内波和其他一些海流信息（Thompson and Jensen，1993；Schulz-stellenfleth and Lehner，2001）。

1.3.3 形 变 监 测

1. 冰川移动

极地冰川、移动冰山和山地冰川是地球陆地-海洋-大气系统重要组成部分，它的变化程度是全球气候、环境演变的指示器。冰川和冰原的存在对地球生态系统的平衡至关重要。地形数据是研究冰川和冰原的基础资料，这是因为表面地形直接地反映了影响冰块运动的驱动力及阻力。由于冰川和冰原一般都位于遥远、冰寒或人力不可达地区,因此用卫星遥感技术对其进行观测具有独特优势。根据流速、位移等实地测量数据,现已证明雷达干涉测量是研究冰川和冰原重要工具之一,干涉纹图可包含冰流等位移信息(Goldstein et al.,1993;Hoen and Zerbker,2000;Luckman et al.,2007)。

2. 地震探测

雷达干涉纹图包括了所有同震及部分余震形变,能提供距离向变化高精度同震位移图。Massonnet 等(1993)结合 ERS-1 数据和地形参考图获得了 Landers 地震形变图;Zebker 等(1994)使用同一个实验区,提出了重复轨道差分雷达干涉技术,用于计算获取震区同震位移场。王超等(2000)使用雷达差分干涉技术对中国河北-尚义地震形变场进行了研究并给予了解释。

3. 火山灾害探测

由于可以同时获取 DEM 和形变信息,雷达干涉技术在研究火山活动及灾害具有很好潜力。DEM 可用来分析火山坡面状况及熔岩厚度和宽度(王超、杨清友,1998),为防灾、救灾提供信息。除了监测活火山之外,对那些潜在的死火山进行系统监测,对火山喷发和其他防灾都具有很好的指导意义(Amelung et al.,2000)。Lu Zhong 使用雷达干涉技术对火山活动进行了系列研究(Lu et al.,2004;Lu,2007;Lu et al.,2012)。

4. 人类活动地表形变

随着人类改造自然进程的加速,因人类活动触发的地表沉降已经引起了国内外关注。地面沉降是一种严重的地质灾害,其引发的次生灾害不容忽视。人类活动引起的地表沉降主要包括矿产、资源开发(地下水、气、油等)和市政工程施工(地铁为代表)。雷达干涉测量在形变监测方面的能力取决于形变速率(如形变梯度)、去相干和大气影响。尽管时间去相干制约着长时间连续形变图的生产,经研究发现城市区、特定自然目标和人工目标在长时间序列上仍能保持良好相干性,因此便诞生了以永久散射体为代表的 PS-InSAR 技术(Ferretti et al.,2000;Lanari et al.,2004;Zhao et al.,2009;Chen et al.,2010;Lu et al.,2012),用于监测缓慢、长时间地表形变,反演精度可达毫米级。

1.3.4 大 气 探 测

通常情况下,大气折射而造成的雷达信号延迟在雷达干涉处理中被当做噪声。然而,当在同一区域具有大量雷达观测数据,良好参考地形数据,利用高相干目标点信息,地表形变和大气相位信号可以分离,获取雷达观测时间序列上的相对水汽成分;此高分辨率水汽场对于气象学和大气动力学研究具有很好科学价值,并且对于小天气预报,比如局部降水具有意义。当前使用雷达干涉技术提取水汽信息研究还不成熟,更多研究还主要关注在相关技术的融合、表达和验证阶段(Hanssen et al.,1999;Hanssen et al.,2000;Li et al.,2006;Li et al.,2009a;Li et al.,2009b)。

参 考 文 献

郭华东，等. 2000. 雷达对地观测理论与应用. 北京：科学出版社

廖明生，林珲. 2003. 雷达干涉测量：原理与信号处理基础. 北京：测绘出版社

舒宁. 2000. 微波遥感原理. 武汉：武汉测绘科技大学出版社

王超，张红，刘智. 2002. 星载合成孔径雷达干涉测量. 北京：科学出版社

王超，刘智，张红，等. 2000. 张北-尚义地震形变场雷达差分干涉测量. 科学通报，45(23)：2550～2553

王超，杨清友. 1998. 干涉雷达在地学研究中的应用. 遥感技术与应用，12(4)：37～43

王超. 1997. 利用航天飞机成像雷达干涉数据提取数字高程模型. 遥感学报，1(1)：46～49

Amelung F, Jonssen S, Zebker H A, et al. 2000. Widespread uplift and trap door faulting on Galapagos volcanoes observed with radar interferometry. Nature, 407(6807)：993～996

Bombrun L, Gay M, Trouve E, et al. 2009. DEM error retrieval by analyzing time series of differential interferograms. IEEE Geoscience and Remote Sensing Letters, 6(4)：830～834

Chen F L, Lin H, Yeung K, et al. 2010. Detection of slope instability in Hong Kong based on multi-baseline differential SAR interferometry using ALOS PALSAR data. GIScience and Remote Sensing, 47(2)：208～220

Ferretti A, Prati C, Rocca F. 2000. Nonlinear subsidence rate estimation using permanent scatterers indifferential SAR interferometry. IEEE Transactions on Geoscience and Remote Sensing, 38(5)：2202～2212

Geudtner D, Vachon P W, Mattar K E, et al. 2001. Interferometric analysis of Radarsat strip-map mode data. Canadian Journal of Remote Sensing, 27(2)：95～108

Goldstein R M, Engelhardt H, Kamb B, et al. 1993. Satellite radar interferometry for monitoring ice sheet motion：application to an Antarctic stream. Science, 262：1526～1530

Goldstein R M, Zebker H A, Werner C L. 1988. Satellite radar interferometry：two-dimensional phase unwrapping. Radio Science, 23(4)：713～720

Goldstein R M, Zebker H A. 1987. Interferometric radar measurement of ocean surface currents. Nature, 328：707～709

Graham L C. 1974. Synthetic interferometric radar for topographic mapping. *In*：Proceedings of the IEEE, 62：763～768

Hanssen R F, Weckwerth T M, Zebker H A, et al. 1999. High-resolution water vapor mapping from interferometric radar measurements. Science, 283：1295～1297

Hanssen R F, Weinreich I, Lehner S, et al. 2000. Tropospheric wind and humidity derived from spaceborne radar intensity and phase observations. Geophysical Research Letters, 27(12)：1699～1702

Hartl P, Reich M, Thiel K H, et al. 1993. SAR interferometry applying ERS-1：some preliminary test results. *In*：First ERS-1 symposium-space at the service of our environment, Cannes, France, 4-6 Nov, ESA SP-359：219～222

Hartl P. 1991. Application of interferometric SAR-data of the ERS-1 mission for high resolution topographic terrain mapping. GIS, 2：8～14

Hoen E W, Zebker H A. 2000. Penetration depths inferred from interferometric volume decorrelation observed over the Greenland ice sheet. IEEE Transactions on Geoscience and Remote Sensing, 38(6)：2571～2583

Lanari R, Mora O, Manunta M. 2004. A small-baseline approach for investigating deformations on full-resolution differential SAR interferograms. IEEE Transactions on Geoscience and Remote Sensing, 42(7)：1377～1386

Li F K, Goldstein R M. 1990. Studies of multibaseline spaceborne interferometric synthetic aperture radars. IEEE Transactions on Geoscience and Remote Sensing, 28(1)：88～96

Li Z H, Fielding E J, Cross P. 2009a. Integration of InSAR time series analysis and water vapour correction for mapping postseismic deformation after the 2003 Bam, Iran Earthquake. IEEE Transactions on Geoscience and Remote Sensing, 47(9)：3220～3230

Li Z H, Fielding E J, Cross P, et al. 2009b. Advanced InSAR atmospheric correction：MERIS/MODIS combination and stacked water vapour models. International Journal of Remote Sensing, 30: 3343~3363

Li Z W, Ding X L, Huang C, et al. 2006. Modeling of atmospheric effects on InSAR measurements by incorporating terrain elevation information. Journal of Atmospheric and Solar-Terrestrial Physics, 68(11): 1189~1194

Liao M, Wang T, Lu L, et al. 2007. Reconstruction of DEMs from ERS-1/2 tandem data in mountainous area facilitated by SRTM data. IEEE Transactions on Geoscience and Remote Sensing, 45(7): 2325~2335

Lu Z. 2007. InSAR Imaging of Volcanic Deformation Over Cloud-prone Areas—Aleutian Islands. Photogrammetric Engineering & Remote Sensing, 73(3): 245~257

Lu Z, Rykhus R, Masterlark T, et al. 2004. Mapping recent lava flows at Westdahl volcano, Alaska, using radar and optical satellite imagery. Remote Sensing of Environment, 91: 345~353

Lu Z, Dzurisin D, Wicks C, et al. 2012. Interferometric synthetic aperture radar(InSAR): a long-term monitoring tool. In:Dean K, Dehn J (eds). Monitoring Volcanoes of the North Pacific: Observations from Space. Jointly published by Springer and Praxis Publishing,UK

Luckman A, Quincey D, Bevan S. 2007. The potential of satellite radar interferometry and feature tracking for monitoring flow rates of Himalayan glaciers. Remote Sensing of Environment, 111(2-3): 172~181

Marechal N. 1995. Tomographic formulation of interferometric SAR for terrain elevation mapping. IEEE Transactions on Geoscience and Remote Sensing, 33(3): 726~739

Massonnet D, Rossi M, Carmona C, et al. 1993. The displacemnt field of the Landers earthquake mapped by radar interferometry. Nature, 364(8): 138~142

McCauley J F, Schaber G G, Breed C S, et al. 1982. Subsurface valleys and geoarcheology of the Eastern Sahara revealed by shuttle radar. Science, 218(4576): 1004~1020

Orwig L P, Held D N. 1992. Interferometric ocean surface mapping and moving object relocation with Norden systems Ku-band SAR. In: Proceedings of IEEE International Geoscience and Remote Sensing Symposium (IGARSS 1992), Houston, Texas, USA, 26-29 May, 1598~1600

Prati C, Rocca F. 1994. DEM generation with ERS-1 interferometry. In: Sanso F(eds). Geodetic Theory Today, Third Hotine-Marussi Symposium on Mathematical Geodesy. Berlin: Spring-Verlag. 19~26

Prati C, Rocca F, Monti G A. 1993. SAR interferometry experiments with ERS-1. In: First ERS-1 symposium-space at the service of our environment, Cannes, France, 4-6 Nov, ESA SP-359: 211~217

Rogers A E, Ingalls R P. 1969. Venus: Mapping the surface reflectivity by radar interferometry. Science, 65: 797~799

Schulz-stellenfleth J, Lehner S. 2001. Ocean wave imaging using an airborne single pass cross track interferometric SAR. IEEE Transactions on Geoscience and Remote Sensing, 39(1): 38~44

Thompson D R, Jensen J R. 1993. Synthetic aperture radar interferometry applied to ship-generated internal waves in the 1989 Loch Linhe experiment. Journal of Geophysical Research, 98(C6): 10259~10269

Zebker H A, Goldstein R M. 1986. Topographic mapping from interferometric synthetic aperture radar observations. Journal of Geophysical Research, 91(B5): 4993~4999

Zebker H A, Villasenor J. 1992. Decorrelation in interferometric radar echoes. IEEE Transactions on Geoscience and Remote Sensing, 30(5): 950~959

Zebker H A, Rosen P A, Goldstein R M, et al. 1994. On the derivation of coseismic displacement fields using differential radar interferometry: the Landers earthquake. Journal of Geophysical Research, 99(B10): 19617~19634

Zhao Q, Lin H, Jiang L, et al. 2009. A study of ground deformation in Guangzhou urban area with persistent scatterer interferometry. Sensors, 9: 503~518

Zisk S H. 1972. A new earth-based radar technique for the measurement of lunar topography. Moon, 4: 296~300

第 2 章　雷达干涉原理

本章将从雷达干涉原理出发，较为系统地介绍雷达干涉技术生产数字高程模型（DEM）的总体过程。接着在此基础上，引入差分雷达干涉技术，包括传统的两轨法、三轨法；差分雷达干涉技术可应用于大范围地表形变监测。

合成孔径雷达干涉技术（InSAR）是微波成像和电磁波干涉结合的产物，该技术从宏观上利用了干涉的原理。SAR 成像处理得到的幅度影像反映了影像中每个像素与目标后向散射系数对应关系。同时，SAR 具有测距功能，接收到的信号又记录了同距离相关的相位信息。所以，通常可使用式（2.1）复数形式来表示雷达影像（廖明生、林珲，2003）。InSAR 是利用雷达回波信号所携带的相位信息来计算获取地表三维信息（Bamler and Hartl，1998；Rosen et al.，2000；吴涛，2008），即首先通过复影像共轭相乘相干处理得到干涉纹图，然后根据天线和观测目标之间的几何关系，结合观测平台轨道参数和传感器参数，获得高精度、高分辨率的地面高程信息。如第 1 章所述，InSAR 根据基线距和平台飞行方向之间的关系，可以分为交叉轨道、顺轨和重复轨道干涉三大类。由于目前国际上流行的星载 SAR 平台基本都是使用重复轨道模式工作的，因此在本章下面小节将重点介绍该干涉方式基本原理和处理过程。

$$u = |u|e^{j\varphi} = |u|Re(e^{j\varphi}) + j|u|Im(e^{j\varphi}) \tag{2.1}$$

2.1　合成孔径雷达干涉基本原理

如式（2.1）所示，地面目标的雷达不仅包含了后向散射幅度信息 $|u|$，还包括相位信息 φ，因此单视复数影像（single look complex，SLC）每个像素散射信息可以表示为 $|u|e^{j\varphi}$。由于雷达具有测距功能，相位首先包含了天线与目标之间的距离信息，其次相位信号本身也包含了地物目标的散射特性；因此每个像素的相位可以表示为

$$\varphi = -\frac{4\pi}{\lambda}R + \varphi_{obj} \tag{2.2}$$

式中，R 为雷达与目标之间的斜距；λ 为雷达波长；φ_{obj} 为地面目标的散射特性相位。

图 2.1 干涉模型中，各标量定义如下：S_1 和 S_2 分别为干涉影像对主、辅影像传感器位置，B 表示基线距，α 为基线距与水平方向倾角，θ 为主图像入射角，H 为主传感器相对地面高度，R_1 和 R_2 分别为主、辅影像斜距，P 为地面目标点，其对应高程为 h，P_0 为 P 在参考平面上的等斜距点。则主、辅影像在两次成像时，目标点 P 的相位可以表示为

$$\begin{cases} \varphi_1 = -\dfrac{4\pi}{\lambda}R_1 + \varphi_{obj1} \\[2mm] \varphi_2 = -\dfrac{4\pi}{\lambda}R_2 + \varphi_{obj2} \end{cases} \tag{2.3}$$

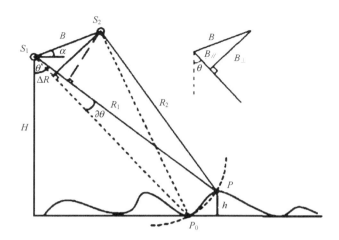

图 2.1 雷达干涉基本原理图(吴涛,2008)

主、辅复影像通过共轭相乘,即可得到复干涉图或干涉纹图(interferogram):

$$I = u_1 \cdot u_2^* = |u_1 u_2| e^{j(\varphi_1 - \varphi_2)} \tag{2.4}$$

式中,*为取共轭,则干涉图对应干涉相位,可进一步表示为

$$\varphi = \varphi_1 - \varphi_2 = -\frac{4\pi}{\lambda}(R_1 - R_2) + (\varphi_{obj1} - \varphi_{obj2}) \tag{2.5}$$

若两次成像时,假设地面目标散射特性不变,则式(2.5)可进一步简化为

$$\varphi = \varphi_1 - \varphi_2 = -\frac{4\pi}{\lambda}(R_1 - R_2) = -\frac{4\pi}{\lambda}\Delta R = \arctan\left[\frac{\mathrm{Im}(I)}{\mathrm{Re}(I)}\right] \tag{2.6}$$

实际上相位差 φ 只记录$[-\pi, \pi]$的主值,即对 2π 取模的值 φ_w。更为准确的表示,式(2.6)应改写成

$$\varphi_w = W\{\varphi\} = \arctan\left[\frac{\mathrm{Im}(I)}{\mathrm{Re}(I)}\right] \tag{2.7}$$

这种现象称为相位缠绕(phase wrapping)。从主值 φ_w 推算出绝对相位差 φ 的过程称为相位解缠或相位展开(phase unwrapping)。由于干涉图相位信息只跟垂直基线距相关,可将基线距沿着入射方向和垂直于入射方向进行分解,进而得到垂直基线距 $B_\perp$ 和平行基线距 $B_{//}$,分别表示为

$$\begin{cases} B_\perp = B\cos(\theta - \alpha) \\ B_{//} = B\sin(\theta - \alpha) \end{cases} \tag{2.8}$$

在星载平台远场观测的前提下,可以假设 $\Delta R = B_{//}$,可将相位差式(2.6)表示为

$$\varphi = -\frac{4\pi}{\lambda}B\sin(\theta - \alpha) \tag{2.9}$$

根据三角关系,观测点 P 在参考面的高程为

$$h = H - R_1\cos\theta \tag{2.10}$$

对式(2.9)和式(2.10)分别取微分,并把后式代入前式可得

$$\Delta\varphi = -\frac{4\pi B_\perp}{\lambda R_1 \sin\theta}\Delta h - \frac{4\pi B_\perp}{\lambda R_1 \tan\theta}\Delta R_1 \tag{2.11}$$

从式(2.11)邻近像素干涉相位差分表达式,可以清晰地看到,相位信息包含了两大部分:第一部分,目标高程 Δh 变化引起的相位;第二部分,跟高程不相关,是由平台到参考平面的距离差 ΔR_1 引起的,定义为平地相位。为了使用干涉纹图反演高程信息,需要估计和去除平地相位,进而建立干涉相位同高程之间的方程关系,即

$$\begin{cases} \varphi = -\dfrac{4\pi B_\perp}{\lambda R_1 \sin\theta}h \\ \Delta\varphi = -\dfrac{4\pi B_\perp}{\lambda R_1 \sin\theta}\Delta h \end{cases} \tag{2.12}$$

式(2.12)不仅表达了垂直基线对雷达干涉测高的影响,而且还解释了干涉雷达测高精度跟成像参数之间的关系。测高分辨率可使用高度灵敏度和高度模糊度来表征:

干涉相位高度灵敏度 $\qquad \dfrac{\Delta\varphi}{\Delta h} = -\dfrac{4\pi B_\perp}{\lambda R_1 \sin\theta}$ \hfill (2.13)

高度模糊度,即 $\Delta\varphi = 2\pi$ 时 $\qquad h_{2\pi} = -\dfrac{\lambda R_1 \sin\theta_0}{2B_\perp}$ \hfill (2.14)

高度模糊度越小、反演高程精度越高;从式(2.14)可见,高度模糊度跟垂直基线距成反比,因此垂直基线距越大、高度模糊度也越小。然而,在现实数据处理中,为了保持数据相干性,垂直基线不可能无限大,它会受到极限基线距的限制(Gatelli et al.,1994)。

2.2　去相干分析

2.2.1　相　干　性

在雷达干涉测量中,相干性(coherence)是衡量相干图质量的重要因子,它反映了干涉图中相位信噪比的大小。SAR 回波信号相位不仅包含了传感器与目标之间的距离信息,而且也含有目标对雷达信号的散射特性,如式(2.5)所示。实际上,对于 SAR 图像分辨单元目标相位 φ_{obj} 来说,它是单元内所有单个散射体回波信号的相干矢量叠加,这是由 SAR 相干成像决定的,在幅度影像上表现为斑点噪声。

当雷达信号的相位存在相关,则它们便是相干的,而相干系数是衡量相干性的重要指标。从信号处理角度分析,归一化复相干系数可以表示为

$$\gamma_{12} = \frac{E[s_1 \cdot s_2^*]}{\sqrt{E[|s_1|^2]E[|s_2|^2]}} \tag{2.15}$$

而在复干涉对影像相干处理过程中,一般假设估算窗口内散射体是各态历经的,采用窗口估计方法来获取相干系数,如下式所示(Touzi et al.,1999):

$$\hat{\gamma} = \frac{\sum\limits_{n=1}^{N} s_{1n} \cdot s_{2n}^*}{\sqrt{\sum\limits_{n=1}^{N}|s_{1n}|^2 \cdot \sum\limits_{n=1}^{N}|s_{2n}|^2}} \tag{2.16}$$

式中，N 为处理窗口内部的邻近像素总数。考虑到雷达干涉相位中平地相位，去除该成分后的相干系数可修正为（Touzi et al.，1999）

$$\hat{\gamma} = \frac{\sum\limits_{n=1}^{N} s_{1n} \cdot s_{2n}^{*} \cdot \exp(-\mathrm{j}\phi_{\text{flat},n})}{\sqrt{\sum\limits_{n=1}^{N} |s_{1n}|^2 \cdot \sum\limits_{n=1}^{N} |s_{2n}|^2}} \qquad (2.17)$$

实际上，使用式（2.17）估计相干系数是有偏的。估计窗口越小，相干系数偏离越大；窗口越大，偏离则越小。为了得到无偏估计，可使用最大似然法（Touzi et al.，1999；王超等，2002；李平湘、杨杰，2006；吴涛，2008）。

2.2.2 去 相 干 源

干涉图的相干性因回波信号在干涉处理中存在的去相干因素影响，可降低质量，影响高程反演难度。总体来说，去相干源可包括以下六类（Zebker and Villasenor，1992；Bamler and Hartl，1998；王超等，2002；吴涛，2008）：①时间去相干 γ_{temporal}；②几何或者基线去相干 γ_{geo}；③多普勒质心去相干 γ_{DC}；④体散射去相干 γ_{vol}；⑤系统热噪声去相干 γ_{noise}；⑥数据处理去相干 γ_{pro}，则总的去相干可表示为

$$\gamma_{\text{total}} = \gamma_{\text{temporal}} \cdot \gamma_{\text{geo}} \cdot \gamma_{\text{DC}} \cdot \gamma_{\text{vol}} \cdot \gamma_{\text{noise}} \cdot \gamma_{\text{pro}} \qquad (2.18)$$

它们大致陈述如下。

1. 时间去相干

成像区地物随着时间变迁、地表运动等因素发生散射特性变化和大气影响可产生时间去相干。该效应在植被覆盖区或者农作物开垦区，因环境因子（冰冻、雨雪、大风）和人类活动（土地翻垦）效果非常明显。

2. 几何去相干

几何去相干主要由干涉影像对不同视角差造成的。入射角不同，在距离向地物频谱投影到数据频谱时便会偏移，其中主、辅影像地物谱非重叠部分就会引起去相干。

3. 多普勒质心去相干

多普勒质心去相干 γ_{DC} 是随着主辅干涉影像对多普勒质心频率差 Δf_{DC} 增加而线性减小的，可表示为

$$\gamma_{\text{DC}} = \begin{cases} 1 - \Delta f_{\text{DC}}/B_A & \Delta f_{\text{DC}} \leqslant B_A \\ 0 & \Delta f_{\text{DC}} > B_A \end{cases} \qquad (2.19)$$

式中，B_A 为方位向带宽。

4. 体散射去相干

体散射去相干是指有一定几何分层、具有体积的散射体，电磁波在进入该散射体内部后，可经过多次散射造成去相干，典型的代表是具有分层冠层结构的森林。

5. 系统热噪声去相干

系统热噪声去相干主要受到传感器系统特性影响，包括天线增益等系统热噪声，这是由传感器性能设计决定的。

6. 数据处理去相干

数据处理去相干包括了一切由数据操作导致的去相干效应，最典型的包括主辅影像配准处理和辅影像重采样插值处理两个方面。这也是雷达干涉主辅影像配准精度要高于1/8 像素，辅影像重采样需要使用信号无损的 sinc 函数的原因。

通常情况下，多普勒质心、体散射、系统热噪声和数据处理去相干因素都能得到控制或忽略不计，相对它们而言，时间和空间去相干影响更大，它们是干涉影像对选择和数据处理关键所在，现着重介绍如下。

7. 时间去相干

时间去相干主要针对重复轨道干涉雷达系统而言，该模式也是现今星载干涉 SAR 系统应用最为广泛的方法。主辅 SAR 影像获取时间段期间，地面目标散射相位变化或者大气变化都能引起相位误差，进而导致相干性降低。典型的代表如植被生长、田地翻耕、工地建设、大范围滑坡或地震形变、天气变化等（Zebker and Villasenor，1992）。通常情况下，时间基线越长，地物散射特性相位发生变化的概率也越大，去相干性也就越大。其次，大气影响是干涉处理中非常重要的信号源。雷达成像时，电磁波穿透地球大气层能发生折射现象，从而导致相位延迟（张勤、李家权，2005）。Hanssen（2001）对 In-SAR 大气延迟进行了较为系统的研究。大气延迟主要由电离层和湍流层（以水汽为主导）造成的，一般可引起几厘米到十几厘米误差（Zebker et al.，1997；李陶，2004）。有关 InSAR 大气效应和分析将在第 5 章以专题形式加以陈述。

8. 空间去相干

空间去相干主要由成像入射角不同所引起的，主辅影像数据谱非公共部分构成了去相干成分，如图 2.2 所示（吴涛，2008）。主辅影像距离谱偏移为 Δf_r 表达式为（Bamler and Just，1993）

$$\Delta f_r \approx f_0 \cdot \sin\theta \left(\frac{1}{\sin\theta_2} - \frac{1}{\sin\theta_1} \right) \tag{2.20}$$

式中，$f_0 = \frac{c}{\lambda}$ 为雷达载频，c，λ 分别为光速和波长；θ_1，θ_2 分别为主辅影像的视角。令 $\theta = \frac{\theta_1 + \theta_2}{2}$，并将式（2.20）按泰勒级数展开，可得距离谱频移同基线、地形和雷达高度的关系式（Gatelli et al.，1994）：

$$\Delta f_r \approx f_0 \frac{B_\perp}{R\tan(\theta - \xi)} = f_0 \frac{B_\perp \cos\theta}{H\tan(\theta - \xi)} \tag{2.21}$$

式中，R 为斜距；H 为雷达高度；ξ 为地形坡度角；$B_\perp$ 为垂直基线距。式（2.21）表明频谱偏移量同垂直基线距成正比关系，即 $B_\perp$ 越大，主辅影像的频谱偏移量 Δf_r 也随之增加，进而导致相干性降低。当 Δf_r 大于数据带宽时，两影像将不再含有公共频谱部分，导致完全不相干，这时对应的基线称为最大垂直基线距：

$$B_{\perp c} = \frac{B_r R \tan(\theta - \xi)}{f_0} = \frac{B_r \lambda R \tan(\theta - \xi)}{c} \qquad (2.22)$$

例如，对于 ERS 数据，最大垂直基线距约为 1100m。

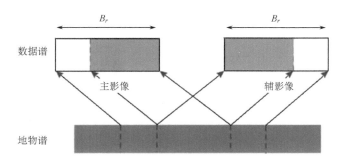

图 2.2　地物谱向数据谱投影示意图

2.3　雷达干涉生成 DEM

　　InSAR 是利用雷达复数据影像包含的相位信息源提取三维地形的一项技术。干涉复影像对及干涉纹图相位差记录了目标与天线位置的几何关系，因此可利用传感器高度、雷达波长、波束视向及天线基线距等参数精确地计算出影像中每一个像素的三维位置，进而获取该地区的 DEM。InSAR 提取 DEM 信息的基本处理流程及算法包括：复影像配准、干涉图生成、基线估计、去平地效应、噪声滤除、相位解缠、高程计算和地理编码；其中部分步骤可能需要迭代进行优化，如图 2.3 中虚线箭头所示。

2.3.1　复影像配准

　　影像配准是干涉处理的第一步，它的好坏影响着生成干涉条纹的质量。通常情况下，当两幅 SAR 影像精确配准时，它们的相位差图像就会显现清晰条纹，条纹的变化包含了地表地形信息；反之，如果两幅影像没有配准，则产生的条纹就会模糊不清，甚至完全不能生成条纹，显现噪声信息。干涉处理要求主、辅影像实现 1/10～1/8 像元精度以内。一般配准分粗配准和精配准两个过程。对于重复轨道星载 SAR 数据，粗配准可以利用星历轨道数据自动进行（王超等，2002）。精配准算法大致分为三类：基于幅度相关配准、基于干涉条纹（相位）配准和基于干涉图频谱（signal to noise ratio，SNR）配准。统计幅度相关配准方法是计算两幅影像在不同方位和距离偏移处的互相关，具体实现时可使用模板窗口内离散像素偏移量的相关系数拟合得到。基于干涉条纹配准算法（Qian et al.，1992）通过基于相位差的评价函数来寻求最优的配准参数；因为提取 DEM 依赖于干涉条纹的质量，即条纹清晰度可作为配准指标。频域 SNR 配准方法首先计算在不

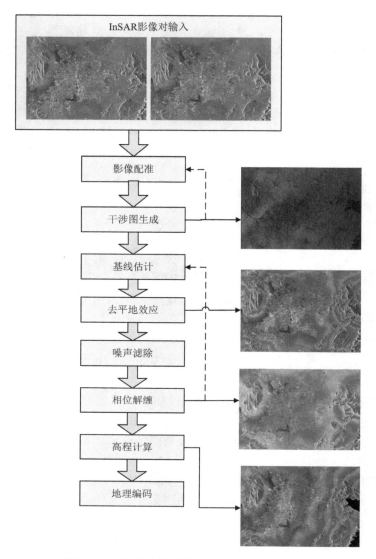

图 2.3　SAR 干涉数据生成 DEM 基本处理流程

同距离向和方向向偏移值(像元级)处所产生干涉图的 SNR;然后应用二次函数插值找到最大值(子像元级),获得高精度的偏移量。精配准通过格网点上的偏移量建立全图的配准拟合公式,一般在影像配准前需要在距离向二次过采样(抑制信号混叠),复影像重采样使用 sinc 函数。

2.3.2　干涉图生成

精配准后的主、辅影像通过共轭相乘,可得干涉图;干涉图对应相位即为两幅原 SAR 复影像的相位之差。由于三角函数的周期性,在计算相位时,丢失了整数倍的弧度值,此时相位差图所有点的数值都在[0,2π]主值范围内的二维图像,并不真正代表两天线距地面同一被测目标的斜距差值，即丢失了 $2n\pi$，为缠绕后的相位。为了增加干涉图的相干性，需要进行适当的方位向滤波和距离向滤波。

2.3.3 基线估计

从式(2.11)可知，干涉影像对基线，尤其是空间垂直基线对于地形信息提取和平地相位去除至关重要。干涉空间基线的精度取决于 SAR 卫星轨道数据的精度。SAR 干涉测量空间基线估计一般可以采用轨道参数方法、控制点方法和傅里叶变换的方法(Small et al.，1993；Kimura，1995；李新武、郭华东，2003；靳国旺等，2006)。这些方法已经在一些商业软件或者开源代码中得以实现。例如，VEXEL 公司 EV-InSAR 模块采用轨道参数方法，通过手动设置基线模型、逐步调整获得基线精确估计；美国 JPL 和 Caltech 开源软件 ROI-PAC 可以利用外部 DEM 模拟地形相位并结合干涉相位图采用最小二乘法获取基线；GAMMA 公司采用两步法完成基线精确估计：①利用星历轨道数据对基线进行粗估计，②利用 FFT 变换方法对残余轨道误差进行迭代估计，进而获取最终精确基线，并且还支持地面控制点。

2.3.4 去平地效应

复影像共轭相乘获取的干涉图相位包括平地相位、地形相位、位移相位、大气相位和噪声。平地效应是指由参考地球曲面上高度不变的平地引起干涉相位在距离向和方位向呈现周期性变化的现象。平地相位使得干涉图呈现密集的条纹，这在一定程度上掩盖了地形变化引起的干涉条纹变化。平地相位的去除便于后续干涉滤波和相位解缠等处理。具体消除方法一般先采用参考地球曲面和干涉基线模型模拟平地相位，然后从原始干涉图减去该当量，以达到去除目的。

2.3.5 噪声滤除

干涉纹图噪声的存在能造成相位数据不连续和不一致，局部误差还可能在相位解缠中全局传播，导致解缠结果偏离相位真值。因此在相位解缠之前，一般需要对干涉图进行滤波，降低噪声；提高信噪比、减少残差的出现。常用的干涉图滤波方法包括：圆周期均/中值法(Eichel et al.，1993；Lanari et al.，1996)、加权圆周期中值滤波法(段克清等，2005)、Goldstein(Goldstein and Werner，1998)及改进滤波方法 (Baran et al.，2003)。

2.3.6 相位解缠

相位解缠是干涉处理中重要环节，解缠 InSAR 相位差直接关系着 DEM 信息提取的准确性和精度。如前所述，经过干涉合成干涉图相位丢失了 $2n\pi$，此时相位已经发生了模糊。只有将这些缠绕的相位差还原，才能顺利地反演出地面目标的高度。由于地面起伏的复杂性和干涉纹图本身的质量，相位解缠的难度很大，至今还是 InSAR 处理关键技术之一。目前已有发展方法包括枝切法、最小二乘法、最小费用流法、Snaphu 法等（Ghiglia and Pritt，1998；Gostantini，1998；Chen and Zebker，2002）。

2.3.7　高程计算及地理编码

要实现解缠相位值到地面高程值的转换，必须先找出相位 φ 和地面高程 h 之间的关系。具体可综合使用解缠干涉纹图、精确基线、波长等信息反演获取。经过高程估算后，数字高程模型仍然在斜距/零多普勒坐标系中，由于各幅 SAR 图像的几何特征不同，并且与任何测量参照系都无关，要得到可比的高程地图，就必须对数据进行地理编码，即实现斜距到地距转换和地理坐标系的建立。地理编码需要利用到轨道数据，图像成像参数及部分控制点信息。

2.4　差分雷达干涉原理

如果空间基线足够小，在保证良好相干性的前提下，利用多次重复观测进行地表微小形变监测，就需要差分雷达干涉测量（DInSAR）。在提取地表形变信息之前，需要消除观测区地形信息。经典的差分雷达干涉测量具体包含两轨法和三轨法两大类。

2.4.1　两　轨　法

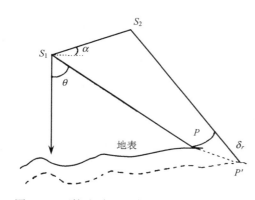

图 2.4　两轨法雷达差分干涉成像几何示意图

两轨法是利用实验区地表形变前后两幅影像生成干涉纹图，再利用干涉对基线信息和 DEM 模拟区域地形相位，从干涉纹图中减去模拟地形相位就得到地表形变信息。通常获取的 DEM 为地理坐标系，因此在模拟前，需要对其进行坐标转换，获取 SAR 斜距/零多普勒坐标系中。这种方法的优点是不需要对干涉纹图进行相位解缠。缺点是对于无参考 DEM 地区，便无法实施该方法；并且在引入 DEM 数据时，很可能引入 DEM 高程误差、DEM 模拟干涉相位误差和配准误差等。

图 2.4 是两轨法工作几何模型。S_1 和 S_2 分别表示主辅影像传感器，设 SAR 两次过境时，地面在雷达视线方向（line of sight，LOS）发生了 ΔR 形变，则形变相位为

$$\varphi_{\text{def}} = -\frac{4\pi}{\lambda}\Delta R \qquad (2.23)$$

从式（2.23）可以看出，差分相位对地形变化非常敏感，测量精度小于波长量级，对于 C 波段的 ENVISAT ASAR 来说，当地表在 LOS 方向上位移 2.8cm 时，可产生一个周期，即 2π 相位变化。

2.4.2 三 轨 法

三轨法是利用三景 SAR 影像组成两个干涉对,干涉对具有相同的主影像,以保证它们具有相同的参考几何坐标。其中一幅干涉对用来估计地形相位,因此它的时间基线应尽量短(形变信息可忽略不计,并保证良好相干性),空间基线应尽量长(用于增强相位信息对地形的敏感性)。另一幅干涉对主、辅影像分别对应形变前、后时间段,为了增强差分相位对形变的灵敏性,空间基线应该尽可能小。三轨法的特点是不需要辅助参考 DEM 数据,缺点是需要对两个干涉纹图进行相位解缠,解缠效果的好坏将影像形变解求的最终结果。

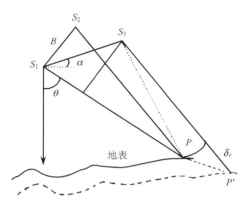

图 2.5 三轨法雷达差分干涉成像几何示意图

图 2.5 为三轨法成像几何模型示意图。S_1,S_2 和 S_3 分别为三次过境形变区域传感器位置,其中 S_1 和 S_2 干涉对表征地表未发生形变,干涉图只包含了地形信息,而 S_1 和 S_3 表征地表发生了形变,干涉图包含地形信息和形变信息。根据式(2.12),两幅干涉对去除平地相位后的相位可分别表示为

$$\begin{cases} \varphi_1 = -\dfrac{4\pi B_{\perp}}{\lambda R \sin\theta}h \\ \varphi_2 = -\dfrac{4\pi B'_{\perp}}{\lambda R \sin\theta}h + \varphi_{\text{def}} \end{cases} \tag{2.24}$$

则形变相位 φ_{def} 可推导为

$$\varphi_{\text{def}} = \varphi_2 - \frac{B'_{\perp}}{B_{\perp}}\varphi_1 = -\frac{4\pi}{\lambda}\Delta R \tag{2.25}$$

从式(2.25)可知,无须精确地入射角和地形信息,就可以求解雷达视线方向上的形变量。

参 考 文 献

段克清,向家彬,汪枫. 2005. InSAR 相位条纹图的加权圆周期中值滤波算法. 空军雷达学院学报,19(1):426

靳国旺,徐青,朱彩英,等. 2006. 利用平地干涉相位进行 InSAR 初始基线估计. 测绘科学技术学报,23(4):278~280

李平湘,杨杰. 2006. 雷达干涉测量原理与应用. 北京:测绘出版社

李陶. 2004. 重复轨道星载 SAR 差分干涉检测地表形变研究. 武汉大学博士学位论文

李新武,郭华东. 2003. 基于快速傅立叶变换的干涉 SAR 基线估计. 测绘学报,32(1):70~72

廖明生,林珲. 2003. 雷达干涉测量:原理与信号处理基础. 北京:测绘出版社

王超,张红,刘智. 2002. 星载合成孔径雷达干涉测量. 北京:科学出版社

吴涛. 2008. 多基线距 DInSAR 技术反演地表缓慢形变研究. 中国科学院遥感应用研究所博士学位论文

张勤,李家权. 2005. GPS 测量原理及应用. 北京:科学出版社

Bamler R,Hartl P. 1998. Topical review:synthetic aperture radar interferometry. Inverse Problems,14:R1~R54

Bamler R, Just D. 1993. Phase statistics and decorrelation in SAR interferomgrams. *In*: Proceeding of International Geoscience and Remote Sensing Symposium(IGARSS 1993), Tokyo, Japan, 18-21 August, 980~984

Baran I, Stewart M P, Kampers B M, et al. 2003. A modification to the Goldstein radar interferogram filter. IEEE Transactions on Geoscience and Remote Sensing, 41(9): 2114~2118

Chen C W, Zebker H A. 2002. Phase unwrapping for large SAR interferograms: Statistical segmentation and generalized network models. IEEE Transactions on Geoscience and Remote Sensing, 40(8): 1709~1719

Costantini M. 1998. A novel phase unwrapping method based on network programming. IEEE Transactions on Geoscience and Remote Sensing, 36(3): 813~821

Eichel P H, Ghiglia D C, Jakowatz C V, et al. 1993. Spotlight SAR interferometry for terrain elevation mapping and inteferometric change decection. Sandia National Labs Tech Report, 20(3): 2539~2546

Gatelli F, Guarnieri A M, Parizzi F, et al. 1994. Wavenumber shift in SAR interfereometry. IEEE Transactions on Geoscience and Remote Sensing, 32(4): 855~864

Ghiglia D C, Pritt M D. 1998. Two-dimensional phase unwrapping: theory, algorithms and software. New York: John Wiley & Sons

Goldstein R M, Werner C L. 1998. Radar interferogram filtering for geophysical applications. Geophysical Research Letters, 25(21): 4035~4038

Hanssen R F. 2001. Radar Interferometry: Data Interpretation and Error Analysis. Dordrecht, Netherlands: Kluwer Academic Publishers

Kimura H. 1995. A method to estimate baseline and platform altitude for SAR interferometry. *In*: Proceeding of International Geoscience and Remote Sensing Symposium(IGARSS 1995), Florence, Italy, 10-14 July, 199~201

Lanari R, Fornaro G, Riccio D, et al. 1996. Generation of digital elevation models by using SIR-C/X SAR multifrequency two-pass interferometry: the Etna case study. IEEE Transactions on Geoscience and Remote Sensing, 34(5): 1097~1114

Qian L, Vesecky J F, Zebker H A. 1992. Registration of interferometric SAR images. IEEE Transactions on Geoscience and Remote Sensing, 20(2): 1579~1581

Rosen P A, Hensley S, Joughin I R, et al. 2000. Synthetic aperture radar interferometry. *In*: Proceedings of the IEEE, 88(3): 333~382

Small D, Werner C, Nuesch D. 1993. Baseline modeling for ERS-1 SAR interferometry. *In*: Proceeding of International Geoscience and Remote Sensing Symposium(IGARSS 1993), Tokyo, Japan, 18-21 August, 1204~1206

Touzi R, Lopes A, Bruniquel J, et al. 1999. Coherene estimation for SAR imagery. IEEE Transactions on Geoscience and Remote Sensing, 37(1): 135~149

Zebker H A, Villasenor J. 1992. Decorrelation in interfereometric radar echoes. IEEE Transactions on Geoscience and Remote Sensing, 30(5): 950~959

Zebker H A, Rosen P A, Hensley S. 1997. Atmospheric effects in interferometric synthetic aperture radar surface deformation and topographic maps. Journal of Geophysical Research, 102(B4): 7547~7563

第3章　干涉处理误差分析

如第 2 章所述，雷达干涉 DEM 数据生产及微小形变反演包含了复影像配准、干涉图生成、基线估计、去平地效应、噪声滤波、相位解缠、高程计算、地形相位估计及去除、大气效应估计和抑制等多个环节。每个环节的数据处理误差均能影响最终产品获取的可靠性精度。本章将从 InSAR 系统模型出发，较为系统地介绍干涉数据处理主要误差源和抑制方法。

3.1　InSAR 复影像配准精度分析

3.1.1　InSAR 系统模型

假设 SAR 接收的目标回波信号为复平稳高斯过程，则天线获取的信号可表示为(Li and Goldstein，1990)

$$P = \iint f(x, y) \exp(-\mathrm{j}2\pi r/\lambda) \cdot W(x-x_0, y-y_0) \mathrm{d}x\mathrm{d}y + n \tag{3.1}$$

式中，$f(x, y)$ 为观测区域中散射单元；$W(x, y) = \mathrm{sinc}(\pi x/R_x) \cdot \mathrm{sinc}(\pi y/R_y)$ 为 SAR 系统的脉冲响应函数，R_x，R_y 分别为雷达系统方位向和距离向的分辨率；r 为卫星平台到地面散射单元的距离；n 为复高斯噪声。令雷达影像干涉对在方位向和距离向配准误差分别为 Δx 和 Δy，假设 $\Delta x = 0$，$\Delta y \neq 0$，且基线在水平方向的分量 $B_x = B$，垂直方向分量 $B_y = 0$，观测目标由独立的、均匀散射中心组成，则干涉回波信号互相关函数经积分为

$$\langle P_1 \cdot P_2^* \rangle = \sigma^0 R_x R_y \exp(-\mathrm{j}2\pi B y_0/\lambda r) \cdot \exp(-\mathrm{j}\pi B \Delta y/\lambda r) \cdot \gamma \tag{3.2}$$

式中，σ^0 为平均雷达散射截面，而相关系数 γ 可表示为

$$\gamma = \gamma_{\mathrm{baseline}} \cdot \gamma_{\mathrm{reg}} = \left(1 - \frac{BR_y}{\lambda r}\right) \cdot \frac{\sin\left[\pi\Delta y(1 - BR_y/\lambda r)/R_y\right]}{\pi\Delta y(1 - BR_y/\lambda r)/R_y} \tag{3.3}$$

式中，$\gamma_{\mathrm{baseline}}$ 为干涉影像对天线视角差产生的去相关，即基线去相关；γ_{reg} 为由配准误差引起的去相关。

3.1.2　干涉相位误差统计特性

在 InSAR 处理中，相位的精度直接跟后续 DEM 和地表形变反演相关。由式(3.2)和式(3.3)可知，复影像精度配准又是直接影响相位精度的首要环节。因此需要首先分

析配准误差对干涉相位差的影响。相干系数与干涉相位的精度息息相关（Bamler and Just，1993；Bamler and Hartl，1998）。在假设散射体为高斯分布的前提下，干涉相位的概率密度函数为

$$\mathrm{pdf}(\phi) = \frac{1 - |\gamma|^2}{2\pi} \cdot \frac{1}{1 - |\gamma|^2 \cos^2(\phi - \phi_0)}$$

$$\cdot \left\{ 1 + \frac{|\gamma| \cos(\phi - \phi_0) \arccos[-|\gamma| \cos(\phi - \phi_0)]}{\sqrt{1 - |\gamma|^2 \cos^2(\phi - \phi_0)}} \right\}$$

式中，ϕ_0 为真实相位。如果将相位限制在 ϕ_0 的 $\pm\pi$ 范围，有

$$E\{\phi\} = \phi_0$$

$$\sigma_\phi^2 = \frac{\pi^2}{3} - \pi \arcsin(|\gamma|) + \arcsin^2(|\gamma|) - \frac{\mathrm{Li}_2(|\gamma|^2)}{2} \tag{3.4}$$

式中，Li_2 为二次对数函数，$\mathrm{Li}_2(|\gamma|^2) = \sum_{k=1}^{\infty} \frac{|\gamma|^{2k}}{k^2}$。图 3.1 为 $E\{\phi\}$ 相干系数估计幅度随窗口内样本个数变化曲线图。从图中可以发现样本个数越多，数值越逼近无偏估计。图 3.2 为相位概率密度曲线、相位标准差随相干系数和估计窗口大小关系示意图。从图 3.2(a)可以看出，当相干系数增加时，相位分布更加集中于期望值 ϕ_0，即相位噪声减少，相位估计更精确。图 3.2(b)很清楚地展示相干系数估计时，窗口独立像素个数对于相位噪声抑制的效果，即独立像素个数越多，噪声抑制越好。

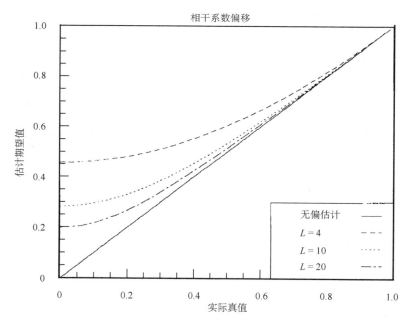

图 3.1　干涉系数估计随窗口内独立像素样本
个数变化示意图（Hanssen，2001）

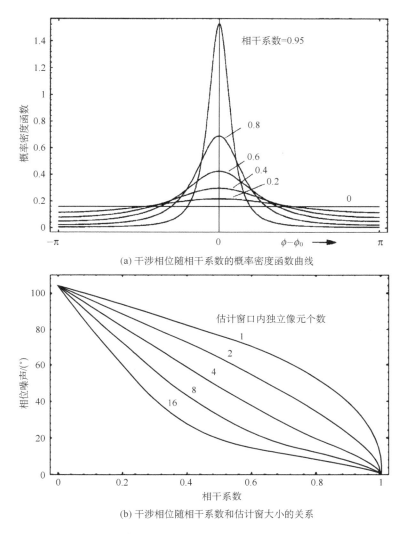

(a) 干涉相位随相干系数的概率密度函数曲线

(b) 干涉相位随相干系数和估计窗大小的关系

图 3.2　干涉相位与相干系数关系图(Bamler and Hartl，1998)

3.1.3　配准误差

如上所述，高相干以主、辅复数据影像最优配准为前提。配准误差能引入噪声，造成干涉图失相干。对于分布式几何目标来说，一个像素的配准误差能导致完全失相干，此时地物目标在两幅影像上完全匹配不上。因此干涉处理需要子像素级配准，配准去相干可表示如下(Just and Bamler，1994)：

$$|\gamma_{\text{coreg},r}| = \begin{cases} \text{sinc}(u_r) = \dfrac{\sin(\pi u_r)}{\pi u_r} & 0 \leqslant u_r \leqslant 1 \\ 0 & u_r > 1 \end{cases} \quad (3.5)$$

式中，u_r 为配准误差在方位向分辨率 Δ_r 的小分量。Hanssen(2001)研究发现，当配准误

差高于 0.1 个像素(约 1/8 像元),相干性随着配准精度进一步提高改善不大;该阈值对应的相干值$|\gamma_{\text{coreg},r}|=0.98$,相位对应标准差约为 $19°$。由于分辨率包含了方位向和距离向二维信息,因此配准失相干总体可表示为

$$|\gamma_{\text{coreg}}|=|\gamma_{\text{coreg},r}|\cdot|\gamma_{\text{coreg},a}|=0.98^2=0.96 \tag{3.6}$$

3.2　干涉基线距误差分析

3.2.1　基线误差陈述

　　星载 InSAR 处理需要获知卫星轨道位置和状态向量,用于估计干涉影像基线,并为后续平地相位的估计和去除做好准备。正因为如此,卫星轨道误差很容易传递到 InSAR 高程及其形变反演产品之中。在一般情况下,星载 SAR 实时轨道精度是不够的,需要利用精确轨道数据。例如,欧洲空间局的 ERS-1/2 和 ENVISAT 卫星提供两种方式的精轨数据。第一种是欧洲空间局本身提供的卫星精确轨道数据,径向误差为 8~10cm;另一种是荷兰 Delft 技术大学利用地球重力场模型等信息计算的精确轨道数据,径向误差为 5~6cm(Closa,1998)。然而,为了从干涉图中获取大约 1m 的定位精度,要求轨道精度在 1mm 量级上,这要远远高于目前可获取的厘米级精轨数据,因此还需要对基线进行精化。

　　由雷达干涉原理可知干涉相位为

$$\phi=\phi_{\text{ref}}+\phi_{\text{topo}}+\phi_{\text{def}}+\phi_{\text{noise}} \tag{3.7}$$

式中,ϕ_{ref} 为平地相位或者参考相位,表示平地效应对相位的贡献量;ϕ_{topo} 为相对参考面地形变化产生的相位;ϕ_{def} 为地表形变产生的干涉相位;最后一项 ϕ_{noise} 包含大气相位和其他噪声相位。参考式(2.9),式(2.12)及式(2.23),对式(3.7)前三项进行分解,可得下面关系式:

$$\phi_{\text{ref}}=-\frac{4\pi}{\lambda}B\sin(\theta-\alpha)=-\frac{4\pi}{\lambda}B_{//} \tag{3.8}$$

$$\phi_{\text{topo}}=-\frac{4\pi}{\lambda}\frac{B\cos(\theta-\alpha)}{R\sin\theta}h=-\frac{4\pi}{\lambda}\frac{B_{\perp}}{R\sin\theta}h \tag{3.9}$$

$$\phi_{\text{def}}=-\frac{4\pi}{\lambda}\Delta R \tag{3.10}$$

3.2.2　基线误差对干涉相位的影响

1. 基线误差对平地相位影响

由式(3.8)可得到参考相位误差与基线误差的关系式为

$$\Delta\phi_{\text{ref}}=-\frac{4\pi}{\lambda}\Delta B_{//} \tag{3.11}$$

因此,在假设轨道误差厘米级的前提下,平行基线误差对于平地相位影响比较大,可引

起数个条纹的偏移。同时，星载系统所采用波长不同，平行基线误差对于 L，S，C，X 波段平地相位影响依次增大。

2. 基线误差对地形相位影响

地形相位指在差分雷达干涉测量中去除同形变无关的地形起伏相位，一般可结合卫星轨道等信息，利用外部或者 InSAR 生成的 DEM 数据模拟干涉图而获得。参考式（3.9），垂直基线误差对地形相位的影响为

$$\Delta\phi_{\text{topo}} = -\frac{4\pi}{\lambda}\frac{h}{R\sin\theta}\Delta B_{\perp} \tag{3.12}$$

从上式显而易见，传感器波长对地形相位误差也有贡献，即短波长对地形相位误差贡献大，反之则小。

3. 基线误差对高程误差影响

由式（3.9）可推导出垂直基线误差对高程反演精度的影响。引起 2π 相位变化对应的高程起伏为高程模糊度，其表达式如式（2.14）所示。高程模糊度与垂直基线的长度成反比，与卫星同地物之间的斜距及传感器波长成正比。

4. 基线误差对形变相位影响

形变相位信息的获取得益于干涉处理中对平地相位、地形相位、大气及噪声相位精确估计和去除。因此形变相位的误差跟干涉相位中其他成分误差直接相关。在形变测量中，其他成分误差均能传递到形变相位中。鉴于此，刘国祥（2006）利用模拟实验方法，研究了地形数据误差对形变测量结果影响，并探讨了其本质和大小。

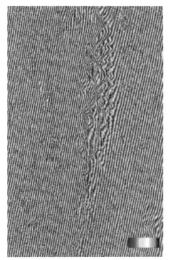  

(a) 原始SAR干涉纹图　　　　(b) 去除平地相位后残余　　　　(c)利用FFT校正基线后
　　　　　　　　　　　　　　　平地干涉纹图　　　　　　　　　差分干涉纹图

图 3.3　基线校正前后干涉纹图对照示意图（刘广，2007）

3.2.3　基 线 校 正

基线校正方法大致分为两类。第一种，以 Small 等(1993)提出的利用地面控制点校正基线方法为代表。该方法通过选择没有发生形变的地区控制点，计算线性变化的水平基线误差，但是对垂直基线误差估计不太稳健。此外，该方法控制点选择，如何将控制点匹配到 SAR 图像坐标系中也是一个技术难题。第二种方法是利用残余干涉相位(去除地形、平地相位)与空间基线的关系来对基线进行重新估计(Hanssen and Klees，1998；Massonnet and Feigl，1998；刘广，2007)。刘广(2007)在博士论文中对 SAR 干涉测量基线重估理论模型和方法进行了较为系统的研究。基线校正前后干涉纹图对照，如图 3.3 所示。

3.3　相位解缠误差分析

3.3.1　解 缠 方 法

干涉技术的核心问题之一是获取与距离成比例的相位信息，即实现对干涉相位$[-\pi, \pi]$的解缠。相位解缠就是利用相邻像素间的缠绕相位差分获取和实际距离差分成比例的相位过程，即实现还原相位差 $2n\pi$。二维相位解缠是 InSAR 数据处理流程的一个关键环节，通常也是 InSAR 产品的主要误差源之一。近 20 年来，国内外学者开发了大量的相位解缠算法(Goldstein et al.，1988；Pritt and Shipman，1994；Zebker and Lu，1997；Costantini，1998；Chen and Zebker，2000；Garballo and Fieguth，2000；Chen and Zebker，2001；Suksmono，2003)，归纳起来，大致可以分为三大类：基于残差点确定积分路线的枝切法(Goldstein et al.，1988)；基于缠绕相位梯度估计的最小二乘法(Pritt and Shipman，1994)和基于网络流相位解缠法(Costantini，1998)。另外，结合人工神经网络、遗传算法、蒙特卡罗法等发展，一系列学科交叉的新型解缠算法也相继出现。

1. 枝切法

在大多数情况下，解缠相位代表的物理量是标量，并具有在梯度方向沿着任何闭合环积分值为零的属性。而且由于部分噪声点，有些相邻像素间的相位差分可能超出$[-\pi, \pi]$。在这些区域，缠绕相位的梯度并不等于解缠相位的梯度，而是相差整周相位。若积分闭合环包含这样的区域，积分就不等于零，从而产生残差，如图 3.4 所示。枝切法就

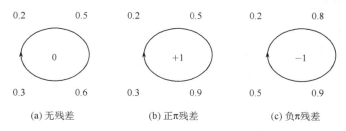

（a）无残差　　　　　　　（b）正π残差　　　　　　　（c）负π残差

图 3.4　缠绕相位积分残差示意图

是首先确定残差点的位置，然后根据一定的准则将残差点连接起来，形成枝状树。枝状树上的缺口代表相位不连续的位置，在解缠积分过程中需要绕过它们，算法的准则就是使干涉图中总的枝状缺口长度最短。实践证明，该方法高效、精确；由于需要设置枝状缺口，对于相干性差、信噪比小的区域，容易形成孤岛而无法解缠。

2. 最小二乘法

理想情况下，假设解缠相位梯度等于缠绕相位梯度，因此相位解缠可以看成一个优化问题。最小二乘法就是一种基于解缠相位和缠绕相位之差的平方和最小的优化算法。等权最小二乘法计算简单，容易受缠绕相位不一致的影响。为了得到更为准确的相位，可以引入权值，这时方法就演变为基于加权最小二乘函数模型。缠绕相位的梯度权一般使用相位质量图获取，如最小相位方差准则、最小相位梯度准则、最大伪相干准则。最小二乘法解缠结果相对平滑，全局最优策略不会出现解缠孤岛；然而在那些相干图质量低的地区，容易发生误差整体传递。

3. 网络流法

相对枝切法和最小二乘法而言，基于网络流算法不仅提供了实用的目标函数，而且还给出高效的计算方法。网络流方法由 Costantini(1998)提出，之后该算法又得到了进一步发展。基于网络流相位解缠函数定义为

$$\phi(i, j) = W[\phi(i, j)] + 2n\pi(i, j) \tag{3.13}$$

式中，$\phi(i, j)$ 为解缠相位；$W(\phi(i, j))$ 缠绕相位。相应残差定义为

$$k_q = k_{i, j, d} = \frac{1}{2\pi}\{\Delta_d\phi(i, j) - W[\Delta_d\phi(i, j)]\} \tag{3.14}$$

则基于网络流相位解缠算法的广义目标函数可以表示为

$$\min\left\{\sum_q c_q |k_q|\right\} \tag{3.15}$$

3.3.2　方　法　比　较

枝切法假设解缠相位梯度小于 P，是对相位梯度估值沿预先确定的自相容路径进行积分，进而实现相位解缠。其核心思想是积分过程中需要绕过预先定义的枝切线，避免误差传播。该算法使用的是局域算子，在干涉图质量差的区域容易出现孤岛。相对前者而言，最小二乘法是一种全局算法、稳定性高，假设解缠相位和缠绕相位之差平方和最小，通过解求该目标函数最小范数解实现相位解缠。在干涉图质量差区域，容易导致误差整体传播。枝切法和最小二乘法算法都致力于克服相位场的不一致性，但速度和精确性通常不能同时兼顾。基于网络流算法兼顾了速度和精确性两个方面，其基本思想是最小化解缠相位梯度和缠绕相位梯度的差异。网络流法一般还引入相干系数等信息来确定权重，因此相干系数等估值偏差也能导致部分相位解缠误差。枝切法和网络流相位(MCF)解缠效果对照，如图 3.5 所示。

(a) 枝切法解缠结果　　　　　　　　　　(b) MCF解缠结果

图3.5　枝切法和网络流相位(MCF)解缠对照图

从两者对照，枝切法在图右端的低相干区形成孤岛，未能进行解缠

3.3.3　误　差　传　递

InSAR 是一种相对测量技术，它通过测量相邻像素间的相位梯度来确定相邻像素间的高差或形变量。因此为了获取绝对高程和形变量，必须选取一个参考点。该参考点高程和形变量可以通过其他测量手段获得，如精密水准测量。因此由相位解缠引入的高程误差和形变误差可分别表示为

$$\Delta h = -\frac{\lambda R \sin\theta}{4\pi B_\perp}\Delta\phi_h \tag{3.16}$$

$$\Delta d = -\frac{\lambda}{4\pi}\Delta\phi_d \tag{3.17}$$

式中，$\Delta\phi_h$、$\Delta\phi_d$ 分别为相位解缠误差对高程误差 Δh、形变反演误差 Δd 的相位贡献。

3.4　大气延迟误差分析

地球上的大气是多种气体组成的混合气体，并且包含水汽和部分杂质。尽管水汽含量很少，但变化很大，变化范围为 0%～4%(商晓青等，2010)。SAR 对地成像时，电磁波需要穿透整个大气层。大气对电磁波信号的影响主要是使信号传播发生折射。与真空中的传播相比，微波信号在其他介质中传播会出现速度变化和路径弯曲，这两种影响综合表现为斜距向传播路径的增加，即大气延迟。InSAR 大气效应是重复轨道雷达干涉测量的主要误差源。1994 年，Massonnet 在利用 InSAR 研究 Landers 地震时首先发现了大气效应产生的干涉条纹(Massonnet and Feigl，1994)；1997 年 Zebker 发现不考虑基线影响时，相对湿度 20%的时、空变化，可能会引入 10～14cm 的形变误差(Zebker et al.，1997)。

由此可见，大气延迟误差严重影响了 InSAR 反演 DEM 及形变测量的精度，如何削弱和去除大气相位误差，一直是 InSAR 数据处理的关键环节和瓶颈所在。总体来说，去除大气延迟相位的方法包括外部数据校正法、相位累积法和 PS-InSAR(persistent scatterer interferometric SAR)法三大类。外部数据校正法一般通过地面气象信息建模或 GPS 数据校正实现；相位累积法是通过对实验区获取的多幅干涉纹图进行简单平均，从

而达到降低大气影响目的；PS-InSAR 使用长时间序列基于点目标分析技术，通过形变速率估计、非线性形变和大气效应估计和分离，进而去除大气延迟相位。有关大气延迟相位分析和校正方法的详细陈述可参考本书第 4，5 章。

参 考 文 献

刘广. 2007. 长时间 InSAR 技术中的空间基线校正和图像配准方法研究. 中国科学院博士学位论文

刘国祥. 2006. 利用雷达干涉技术监测区域地表形变. 北京：测绘出版社

商晓青，张景发，胡乐银. 2010. InSAR 测量中的大气影响及其校正方法. 地壳构造与地壳应力文集，22：75～81

Bamler R，Hartl P. 1998. Topical review：synthetic aperture radar interferometry. Inverse Problems，14：R1～R54

Bamler R，Just D. 1993. Phase statistics and decorrelation in SAR interferomgrams. In：Proceeding of International Geoscience and Remote Sensing Symposium(IGARSS 1993)，Tokyo，Japan，18-21 August，980～984

Carballo G F，Fieguth P W. 2000. Probabilistic cost functions for network flow phase unwrapping. IEEE Transactions on Geoscience and Remote Sensing，38(5)：2192～2201

Chen C W，Zebker H A. 2000. Network approaches to two-dimensional phase unwrapping：intractability and two new algorithms. Journal of the Optical Society of America A，17(3)：401～414

Chen C W，Zebker H A. 2001. Two-dimensional phase unwrapping with use of statistical models for cost functions in nonlinear optimization. Journal of the Optical Society of America A，18(2)：338～351

Closa J. 1998. The influence of orbit precision in the quality of ERS SAR interferometric data. Technical Report ES-TN-APP-APM-JC01，ESA

Costantini M. 1998. A novel phase unwrapping method based on networking programming. IEEE Transactions on Geoscience and Remote Sensing，36(3)：813～821

Goldstein R M，Zebker H A，Werner C L. 1988. Satellite radar inteferometry：two-dimensional phase unwrapping. Radio Science，23(4)：713～720

Hanssen R F. 2001. Radar Interferometry：Data Interpretation and Error Analysis. Dordrecht，Netherlands：Kluwer Academic Publishers

Hanssen R F，Klees R. 1998. Error analysis for repeat-pass SAR interferometry：applications for deformation analysis. In：Progress in Electromagnetics Research Symposium，Nantes，France，13-17 July

Just D，Bamler R. 1994. Phase statistics of interferograms with applications to synthetic aperture radar. Applied Optics，33(20)：4361～4368

Li F K，Goldstein R M. 1990. Studies of multibaseline spaceborne interferometric synthetic aperture radar. IEEE Transactions on Geoscience and Remote Sensing，28(1)：88～97

Massonnet D，Feigl K L. 1994. Radar interferometric mapping of deformation in the year after the Landers earthquake. Nature，369：227～230

Massonnet D，Feigl K L. 1998. Radar interferometry and its application to change in the earth's surface. Reviews of Geophysics，36(4)：441～500

Pritt M D，Shipman J S. 1994. Least-squares two-dimensional phase unwrapping using FFT'S. IEEE Transactions on Geoscience and Remote Sensing，32(3)：706～708

Small D，Werner C，Nuesch D. 1993. Baseline modeling for ERS-1 SAR interferometry. In：Proceeding of International Geoscience and Remote Sensing Symposium(IGARSS 1993)，Tokyo，Japan，18-21 August，1204～1206

Suksmono A B. 2003. Adaptive noise reduction of InSAR image based on a complex-valued MRF model and its application to phase unwrapping problem. IEEE Transactions on Geoscience and Remote Sensing，41(3)：699～709

Zebker H A，Lu Y P. 1997. Phase unwrapping algorithms for radar interferometry：residue-cut，lease-squares，and synthesis algorithms. JOSA-A

Zebker H. A，Rosen P A，Hensley S. 1997. Atmospheric effects in interferometric synthetic aperture radar surface deformation and topographic maps. Journal of Geophysical Research，102(B4)：7547～7563

第 4 章　长时间序列 PS-InSAR 方法

如第 2 章所述，差分雷达干涉技术(DInSAR)以两轨法和三轨法为代表，在消除地形相位前提下，能获取大范围面状、二维地表形变信息，对应精度为厘米至毫米级。我们在这里把它们归属为传统 DInSAR 方法。传统 DInSAR 侧重于单次形变或两时刻的累积形变，使用 SAR 图像少，但是对干涉对图像参数要求非常高。通常为了保证干涉图的相干性，空间基线距要比较小，干涉对 SAR 数据获取时间间隔不能太大，否则都会受到较严重的空间和时间去相干影响(Gatelli et al.，1994；Lee and Liu，2001)。此外，使用两轨法时，DEM 精度要求非常高，并且需要同 SAR 影像精确配准。传统 DInSAR 方法大气效应估计困难，很难同形变信号分离(Zebker et al.，1997；Hanssen，1998)；因此要求干涉对 SAR 影像成像时刻天气晴朗。此外，如果干涉对相干性差，相位解缠就困难，进而影响地表形变最终反演精度。

得益于星载 SAR 的发展，在相同实验区可积累大量的重复轨道存档 SAR 数据，这为开展基于长时间序列多基线 DInSAR 地表形变反演研究提供可能。在传统 DInSAR 的基础上，首先出现了 Stacking 方法(Zebker et al.，1997；Gamma Remote Sensing AG，2007)；该方法利用一系列解缠的差分干涉图，通过积累法来估计线性沉降速率。Stacking 方法采用多主影像策略，为了抑制相位解缠误差，干涉对组合空间基线应尽量小，并以时间基线作为干涉图相位观测值的权，利用正确解缠的差分干涉图估计线性形变速率。Stacking 方法假设大气统计特性在时间维保持不变，处理中独立干涉对大气相位并未消除，但对它们进行了平均。假如干涉图个数为 N，Stacking 能提升相位信噪比 $\sqrt{N}$，进而达到抑制大气噪声的目的。

如上所述，无论是传统 DInSAR 方法，还是 Stacking 方法均不能很好估计大气相位，并且干涉处理受时间、空间去相干制约。此外，因不精确 DEM 引入的地形残余误差、不精确轨道引入的残余轨道误差、相位解缠处理误差均不能得到很好抑制。自 1999 年意大利米兰理工大学 Ferretti 提出永久散射体法(Ferretti et al.，1999)以来，一系列基于点目标时间序列分析方法被相继提出，包括永久散射体(permanent scatterers，PS)方法(Ferretti et al.，2000；Ferretti et al.，2001；Colesanti et al.，2003a)、小基线集(small baseline subsets，SBAS)方法(Berardino et al.，2002；Lanari et al.，2004)、相干目标方法(coherent target，CT)(Mora et al.，2003；Wu et al.，2008)、IPTA(interferometric point target analysis)方法(Werner et al.，2003；Zhao et al.，2009)、StaMPS(stanford method for persistent scatterers)方法(Hooper et al.，2004)和 QPS(Quasi-Permanent Scatterers)方法(Perissin and Wang，2012)等。这些方法，统称为 PS-InSAR 方法，即通过对时间序列 SAR 影像分析，首先提取长时间范围内相位和幅度仍然保持稳定的离散点，即 PS 或相干目标候选点(通常对应城区、裸露岩石等地物目标)；然后利用它们的相位特性，进行长时间尺度地表缓慢形变反演。PS-InSAR 还可以在一定程度

上估计大气影响和优化初始 DEM 精度，达到抑制大气延迟相位和地形误差相位的目的。由于 PS 候选点在长时间尺度上仍能保持高相干，且相干性受空间基线影响小，很好地克服了传统 DInSAR 时间、空间去相干的影响。大量的实践证明，PS-InSAR 方法在大范围、长时间缓慢地表形变信息提取是有效的，可广泛用于城市地表沉降（汤益先，2006；Hui et al.，2011）、潜在滑坡形变监测（Colesanti et al.，2003b；Chen et al.，2010）、矿区地表形变监测（Herrera et al.，2007；Jiang et al.，2011）、大型工程周边地表形变（Batuhan et al.，2011；Liu et al.，2011）、地壳演变及火山活动（Berardino et al.，2002；Fernandez et al.，2005）等。本章接下来将对目前主流 PS-InSAR 方法进行归类阐述。

在应用 PS-InSAR 形变反演之前，前期三大数据处理步骤基本一致，它们分别是主影像选取及影像配准、差分干涉图生成、目标点提取（StaMPS 方法除外）。

1）主影像选取和配准

配准主影像选取标准为：①主影像尽量位于空间基线和时间基线所组成二维空间的中心，②主影像位于影像序列多普勒质心频率的中心，③主影像获取时刻天气晴朗，尽量抑制主影像引入的大气系统误差。配准主影像的选取也是永久散射体、IPTA 及 StaMPS 等 PS-InSAR 干涉处理主影像选取的标准。在获取主影像之后，可首先对所有复数据 SAR 影像进行距离向 2 倍过采样（用于抑制干涉图信号混叠），然后进行子像素级精确配准（一般要求优于 1/8 像素）。影像配准是多时相 SAR 影像信号分析和信息提取的基础。

2）差分干涉图生成

假设在观测时间获取了 N 幅同一场景的 SAR 影像，根据干涉组合原则，得到 M 幅干涉图；综合使用卫星星历数据、成像几何参数及参考 DEM 数据，去除平地相位和地形相位后，便可获取差分雷达干涉序列图。干涉对组合根据所采用 PS-InSAR 方法的不同，大致归为两大类：以永久散射体方法为代表的单一主影像和以小基线集方法为代表的多主影像策略。两种策略对应干涉纹图个数分别为 $M = N - 1$ 和 $N/2 \leqslant M \leqslant [N(N-1)]/2$。一般而言，SAR 复影像相位组成，不仅包括了距离相位、自身目标散射相位，而且还包括了大气相位和系统噪声相位，可以表示为

$$\phi = -\frac{4\pi}{\lambda}R + \phi_{\text{obj}} + \phi_{\text{atm}} + \phi_{\text{noise}} \tag{4.1}$$

式中，ϕ_{obj} 为目标散射相位；ϕ_{atm} 为大气延迟相位；ϕ_{noise} 为噪声相位。由此可推导出任何两幅 SAR 影像干涉处理获得的相位可表示为

$$\phi = \phi_{\text{def}} + \phi_{\text{topo}} + \phi_{\text{flat}} + \phi_{\text{atm}} + \phi_{\text{noise}} \tag{4.2}$$

式中，$\phi_{\text{def}} = -\frac{4\pi}{\lambda}\Delta r$ 为形变相位；$\phi_{\text{topo}} = -\frac{4\pi B_\perp}{\lambda R \sin\theta}h$ 为地形相位；$\phi_{\text{flat}} = -\frac{4\pi B_\parallel}{\lambda}$ 为平地相位；ϕ_{atm} 为大气延迟相位（atmospheric phase scene，APS）；ϕ_{noise} 为噪声相位（也包括了因地物散射特性变化引起的相位抖动）。利用星历轨道数据和参考 DEM 数据，可去除平地相位和地形相位，由此获取的差分干涉图相位可进一步表示为

$$\Delta\phi = \phi_{\text{def}} + \phi_{\text{topo\_e}} + \phi_{\text{atm}} + \phi_{\text{orb}} + \phi_{\text{noise}} \tag{4.3}$$

式中，形变相位可表示为 $\phi_{\text{def}} = \phi_{\text{linear}} + \phi_{\text{non-linear}} = -\dfrac{4\pi}{\lambda}vt + \phi_{\text{non-linear}}$（$t$ 表示干涉图时间基线），

因不精确 DEM 引入的高程误差相位 $\phi_{\text{topo\_e}} = -\dfrac{4\pi B_\perp}{\lambda R\sin\theta}\varepsilon$（$\varepsilon$ 表示去除参考 DEM 后的残余

高程误差）；ϕ_{orb} 为不精确卫星轨道参数引入的残余轨道误差相位。

3）目标点提取

a. 幅度法

幅度法是根据同一像素在长时间序列上的幅度离散度作为选取 PS 候选点标准，它的机理是幅度离散度指数同相位标准差之间存在如图 4.1 所示的关系，因此可以用这一指标来衡量像素对应目标相位的稳定性，离散度指数定义为

$$D_A = \frac{\sigma_A}{m_A} \tag{4.4}$$

式中，m_A 和 σ_A 分别对应幅度在时间维上的均值和标准差。从图 4.1 清晰可见，当幅度离散度小于 0.25 时，相位标准差同幅度离散度指数逼近，因此可以对 D_A 设置一定阈值（如小于 0.25）来选取 PS 候选点。

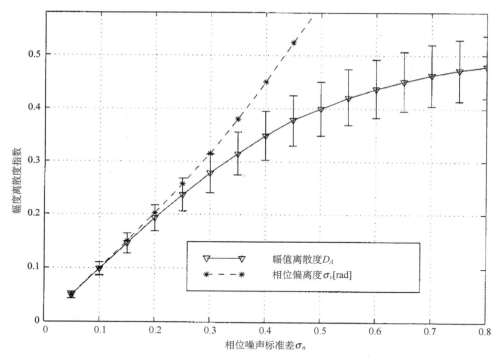

图 4.1　幅度离散度指数与相位标准差之间的关系（Ferretti et al.，2001）

为了满足统计特性，应用幅度法时对影像数据有严格要求，一般需要大于 20 景。此外在进行幅度法之前，需要对所有 SAR 影像进行辐射定标。在实际 PS 点提取过程中，为了避免低散射强度值（稳定幅度统计特性兼低相干值，如水体目标）噪声目标，需要对幅度法进行一定改进和约束，常见的方法是在上述准则上添加散射强度准则，即 $m_A > P_A$（P_A 为散射强度阈值），以提升 PS 点获取的质量。

b. 频谱特征法

不同于分布式目标，以点目标为主导的散射特征在频谱域可表征为低的离散度。频谱特征法首先对单幅影像进行频谱分析，计算每个像素对应的频谱相关值 ξ_i 和离散度 σ_i^s，进而提取表征为点目标散射特征的目标点。然后对所有单幅影像提取的频谱相关值和离散度在时间维进行统计分析，提取稳定频谱特征的目标点作为 PS 候选点。该方法适用于较小 SAR 影像的 PS 目标点信息提取（如 IPTA 目标候选点提取），提取准则可表示为

$$
\begin{cases}
\dfrac{1}{M}\sum_{i=1}^{M}\xi_i \geqslant \xi_T \\[4mm]
\dfrac{1}{M}\sum_{i=1}^{M}\sigma_i^s \geqslant \sigma_T^s
\end{cases}
\tag{4.5}
$$

式中，ξ_T 和 σ_T^s 分别对应频谱相关值均值和离散度均值；M 为影像序列个数。

c. 相干系数法

常用的相干系数法首先获取干涉图序列对应相干图 γ_i，然后对其进行平均，通过设置适当阈值可实现平均高相干点的提取，即

$$
\frac{1}{M}\sum_{i=1}^{M}\gamma_i \geqslant \gamma_T
\tag{4.6}
$$

式中，γ_T 为平均相干系数的阈值。使用该方法提取的高相干目标点，因干涉处理采用了多视，即在牺牲空间分辨率的前提下，增强了相干图信噪比，提高了相干目标点获取的置信度。

4.1 永久散射体方法

永久散射体方法是从一组时间序列 SAR 图像中选取那些散射特性在观测时间期间保持稳定的点作为 PS 点，如人工建筑，裸露岩石等。这些点分辨率往往可小于影像分辨单元，并且受时间和空间去相干影响小。利用提取的离散、稀疏 PS 候选点上的可靠相位信息，可以使用形变模型反演地表线性速率、形变时间序列和高程残余误差信息。永久散射体方法主要步骤包括（Ferretti et al.，2001）：①从同一场景获取的 N 幅 SAR 复影像数据序列中，选择一主影像，然后所有影像都同主影像精确配准；②生成 $N-1$ 幅干涉图，结合卫星轨道、成像几何模型和参考 DEM 数据，去除地形相位和平地相位，生成差分干涉图；③根据幅度法或相干系数法提取 PS 候选点；④使用所有 PS 点上的相位信息，结合形变模型，建立平均形变速率、高程误差、大气相位、轨道残余误差参数方程，通过迭代求解，获取相关参数值；⑤从原始差分相位中去除获取的平均形变相位、高程误差相位和大气相位贡献值，尝试提取更多 PS 候选点，重复步骤①～⑤。

永久散射体方法从 N 幅 SAR 影像中只选取一幅作为主影像，其他影像都与其进行干涉，获取 $N-1$ 幅干涉图。由于提取的 PS 点基本不受时间和几何去相干影响，在去除平地相位和地形相位之后，参考式（4.3）第 i 幅差分干涉图相位可表示为

$$
\Delta\phi^i = \phi_{\mathrm{def}}^i + \phi_{\mathrm{topo\_e}}^i + \phi_{\mathrm{atm}}^i + \phi_{\mathrm{noise}}^i
\tag{4.7}
$$

Ferretti 等(2001)认为在研究较小区域(5km×5km)空间上可以使用线性模型 $\phi_{\text{atm}}=a_i+p_\xi^i\xi+p_\eta^i\eta$ 来表示大气延迟相位,其中 a_i 表示常数,p_ξ^i 和 p_η^i 分别表示相位线性变化系数,ξ 和 η 表示像素坐标。由于轨道误差相位 ϕ_{orb} 在空间上为低频信号,并且也表征为一定线性特性,故其贡献值也可以包含在 ϕ_{atm} 中。

在只考虑线性形变的前提下,利用 M 幅干涉图中的 H 个 PS 候选点,可以建立如下模型方程用于解求小范围内线性形变速率、高程误差和大气延迟相位:

$$\Delta\boldsymbol{\Phi} = \boldsymbol{a}1^{\mathrm{T}} + \boldsymbol{p}_\xi\xi^{\mathrm{T}} + \boldsymbol{p}_\eta\eta^{\mathrm{T}} + \boldsymbol{B}\varepsilon^{\mathrm{T}} + \boldsymbol{T}v^{\mathrm{T}} + \boldsymbol{E} \tag{4.8}$$

式中,$\Delta\boldsymbol{\Phi}(M\times H)$、$\boldsymbol{a}(M\times 1)$、$\boldsymbol{p}_\xi(M\times 1)$、$\boldsymbol{p}_\eta(M\times 1)$、$\boldsymbol{\xi}(H\times 1)$、$\boldsymbol{\eta}(H\times 1)$、$\boldsymbol{B}(M\times 1)$、$\boldsymbol{\varepsilon}(H\times 1)$、$\boldsymbol{T}(M\times 1)$、$\boldsymbol{v}(H\times 1)$ 和 $\boldsymbol{E}(M\times H)$ 都是矩阵。从上式可见,如果差分相位是缠绕的,则方程组为非线性;因此为了获取 $3M+2H$ 个未知数的解:$\boldsymbol{a}(M\times 1)$、$\boldsymbol{p}_\xi(M\times 1)$、$\boldsymbol{p}_\eta(M\times 1)$、$\boldsymbol{\varepsilon}(H\times 1)$、$\boldsymbol{v}(H\times 1)$,需要对式(4.8)进行迭代估计。线性形变速率和高程误差可通过整体相位相干系数(又可称为时间相干系数)最大化模型进行估计,如式(4.9)所示。

$$\max_{\varepsilon,v}|\gamma| = \left| \frac{1}{M}\sum_{i=1}^{M}\exp(j(\phi_i - C_\varepsilon \cdot B_{\perp i} \cdot \varepsilon - C_v \cdot T_i \cdot v)) \right| \tag{4.9}$$

式中,ϕ_i 为第 i 幅差分干涉图相位去除大气效应之后的观测相位;$C_\varepsilon = -\dfrac{4\pi B}{\lambda R\sin\theta}$;$C_v = -\dfrac{4\pi}{\lambda}$,利用周期图等优化方法可以实现参数的求解。

由于上述永久散射体方向具有局限性:①研究范围太小(5km×5km),否则结果会因 APS 模型估计而很不精确;②只考虑了线性平均形变。因此 Ferretti 等(2000)提出使用基于相邻 PS 相位差分模型,只要相邻 PS 点上 APS 相关,就能使研究范围不受小区域的限制,而且通过对残余相位在空间、时间域上的滤波,可进一步分离大气相位和非线性形变成分,突破了原始永久散射体法两大缺陷,并可获取完整形变信息。相邻 PS 点相位差可表示为

$$\phi_{\text{diff}}^i = \frac{4\pi}{\lambda}\cdot T_i \cdot \Delta v + \frac{4\pi B_{\perp i} \cdot \Delta\varepsilon}{\lambda R\sin\theta} + \Delta w_i \tag{4.10}$$

式中,Δv 为相邻 PS 点之间的形变速率增量;$\Delta\varepsilon$ 为高度误差增量;Δw_i 为残余相位(包括大气延迟相位、非线性形变相位和噪声相位),同时假设 $|\Delta w_i|<\pi$。可以通过式(4.9)整体相位相干系数来解求速度增量和高程误差增量。为了获得正确解,相邻 PS 之间的距离必须小于大气影响相关范围(Hanssen,1998)。

如上所述残余相位包含了大气和非线性形变等有用信号,接下来就需要利用它们在时空不同的频率信号加以区分和提取。总体而言,大气延迟相位在时间序列上是随机的高频信号,而在空间分布上为平滑低频信号;而非线性形变在时间序列上是低频信号。x 处 PS 点在主影像上的大气相位等于 N 幅残余相位 $w_i(x,t_i)$ 取均值,即 $\overline{w}(x)$,其他影像在 x 处大气迟延可先通过对残余相位在时间序列上 t_i 高通滤波,然后再在空间域上做低通滤波得到,则相对于主影像每幅 SAR 图像的 APS 估计可表示为式(4.11)。非线性形变估计可通过对 $[w_i(x,t_i)-\overline{w}(x)]$ 在时间序列上低通滤波获取,即

$$\hat{a}(x,t_i) = [[w(x,t)]_{\text{HP\_time}}]_{\text{LP\_SPACE}} + [\overline{w}(x)]_{\text{LP\_space}} \tag{4.11}$$

4.2 小基线集方法

小基线集，又称短基线集，该方法最初由 Berardino 等（2002）提出；方法的初衷是用于提取低分辨率、大尺度地表形变。小基线集方法根据获取 SAR 影像序列在时间、空间基线的分布，首先将数据组合成若干个集合；即集合之内，干涉对空间基线距小，而集合间干涉对空间基线距大。在地表形变反演阶段，为了连接多个小基线集合，提高数据处理的时间采样率，引入奇异值分解（Singular Value Decomposition，SVD），获取最小范数解。对应主要步骤包括：①对同一场景所有 SAR 复影像序列，选择合适配准主影像，完成影像序列精确配准；②根据短的空间基线距组合原则，生成若干短基线干涉数据集；③结合卫星轨道数据、成像几何模型和参考 DEM 数据，去除干涉纹图中平地相位和地形相位，获取小基线差分干涉纹图集；④根据相干系数图，选择高相干点，并对所有干涉纹图进行相位解缠（Costantini and Rosen，1999）和定标；⑤利用矩阵奇异值分解（SVD）方法，求出形变参数、高程误差在最小范数意义上的最小二乘解；⑥估计非线性形变和大气相位。

从 N 景 SAR 影像序列中，根据小基线干涉组合，得到了 M 幅干涉图。假设由两接收时刻 t_B 和 t_A 干涉处理生成的第 j 幅干涉图，$t_B > t_A$，在去除平地和地形相位之后，对提取的高相干点相位解缠后（Costantini and Rosen，1999），差分干涉图在像素坐标(x, r)上的相位可以表示为

$$\delta\phi_j(x, r) = \phi(t_B, x, r) - \phi(t_A, x, r) \approx \frac{4\pi}{\lambda}[d(t_B, x, r) - d(t_A, x, r)]$$

$$+ \frac{4\pi}{\lambda}\frac{B_{\perp j}\Delta z}{R\sin\theta} + [\phi_{\text{atm}}(t_B, x, r) - \phi_{\text{atm}}(t_B, x, r)] + \Delta n_j, \quad \forall j = 1, \cdots, M$$

$$(4.12)$$

式中，后边第一项表征形变相位；第二项表征由不精确参考 DEM 高程 Δz 引入的残余高程误差相位；第三项表征两接收时刻 t_B 和 t_A 大气变化引入的大气延迟相位；第四项表征噪声相位。

设主辅影像获取时刻矢量分别为 $\mathbf{IE} = [\mathrm{IE}_1, \cdots, \mathrm{IE}_M]$ 和 $\mathbf{IS} = [\mathrm{IS}_1, \cdots, \mathrm{IS}_M]$，$\forall j = 1, \cdots, M$。首先先解求低通形变量和高程误差，这时大气效应可先忽略不计。令 $\boldsymbol{C}(M\times 1) = \left[\frac{4\pi}{\lambda}\frac{B_{\perp 1}}{R\sin\theta}, \cdots, \frac{4\pi}{\lambda}\frac{B_{\perp M}}{R\sin\theta}\right]$，将形变相位转换为平均相位速度矢量，即 $[\boldsymbol{v}]^{\mathrm{T}} = \left[v_1 = \frac{\phi_2}{t_2 - t_1}, \cdots, v_N = \frac{\phi_N - \phi_{N-1}}{t_N - t_{N-1}}\right]$，$t_1$ 对应参考时间。首先假设速度矢量可使用一个线性模型表征 $\boldsymbol{v} = \boldsymbol{M}\boldsymbol{p}$，则得到一个矩阵方程：

$$\boldsymbol{DMp} + \boldsymbol{C} \cdot \Delta z = \Delta\boldsymbol{\Phi} \tag{4.13}$$

式中，$\boldsymbol{D}$ 为一个 $M\times(N-1)$ 矩阵，第 j 行位于主辅影像获取时间之间的列，$D(j, k) = t_k - t_{k-1}$，其他情况 $D(j, k) = 0$；$\boldsymbol{p}$ 为速度模型参数矢量，且参数个数 $I \leqslant (N-1)$；$\boldsymbol{M}$ 为速度矢量成分系数矩阵，维数为 $(N-1)\times I$；Δz 为高程误差相位。此时矩阵方程未知数个数远小于方程个数，可直接使用最小二乘法解求参数，获得低通形变信息 d^{LP} 和高程误

差 Δz^{LP}。然后从原始缠绕差分图中减去低通形变相位和高程误差相位，获得残余相位。残余相位图中条纹个数已经明显减少，通过相位解缠，再加回刚才减去的低通相位成分，即可获得改进的解缠干涉相位信息。此时不需引入速度矢量模型，则矩阵方程修正为

$$\boldsymbol{Dv} + \boldsymbol{C} \cdot \Delta z = \Delta \boldsymbol{\varPhi} \tag{4.14}$$

当干涉对组合有 L 个子集时，$\boldsymbol{D}$ 的秩为 $N-L$，缺秩将导致方程组有无穷多个解（$N \leqslant M$）。因此，为了连接不同子集，增加形变信号时间采样率，可使用 SVD 方法，获取最小范数意义上的最小二乘解。对速度矢量进行时间维积分集成，即可获取形变相位序列图 $\boldsymbol{d}^{\mathrm{T}}$。

形变相位序列图包含了形变信息和大气噪声信息，因此需要进一步对两者进行分离。具体实施如下：首先从 $\boldsymbol{d}^{\mathrm{T}}$ 中减去低通形变相位 $\boldsymbol{d}^{\mathrm{LP}}$ 获取残余相位 $\boldsymbol{w}$，然后对 $\boldsymbol{w}$ 进行先空间维低通，再时间维高通滤波处理，获取 $[\boldsymbol{w}_{\mathrm{LP\_space}}]_{\mathrm{HP\_time}}$ 作为大气迟延相位，而最终形变量相位可通过 $\boldsymbol{d}^{\mathrm{T}}$ 减去 $[\boldsymbol{w}_{\mathrm{LP\_space}}]_{\mathrm{HP\_time}}$ 获取。

以上小基线集方法都只停留在经过多视处理之后低分辨率形变和残余高程误差反演阶段，为了获取全分辨率的形变信息和高程误差，Lanari 等（2004）提出了全分辨率小基线集雷达干涉处理流程。低分辨率仍采用经典的小基线集方法。高分辨率反演，首先采用类似于永久散射体方法的形变模型和时间相干系数，解求高分辨率线性形变和高程误差；然后再使用 SVD 方法解求高分辨率非线性形变量。最终 t_n 时刻像素坐标 (x, r) 处的形变量和高程误差可表示为

$$\begin{cases} d(t_n, x, r) = d^{\mathrm{LP}}(t_n, x, r) + (t_n - t_1) v^{\mathrm{HP}}(x, r) + \beta^{\mathrm{HP}}(t_n, x, r) \\ \Delta z(x, r) = \Delta z^{\mathrm{LP}}(x, r) + \Delta z^{\mathrm{HP}}(x, r) \end{cases} \tag{4.15}$$

式中，$d^{\mathrm{LP}}(t_n, x, r)$ 为低分辨率形变量；$v^{\mathrm{HP}}(x, r)$ 为高分辨率线性形变速率；β^{HP} 为高分辨率非线性形变量；Δz^{LP} 为低分辨率高程误差；Δz^{HP} 为高分辨率高程误差；t_1 为参考基准时间。形变反演总体流程图，如图 4.2 所示。

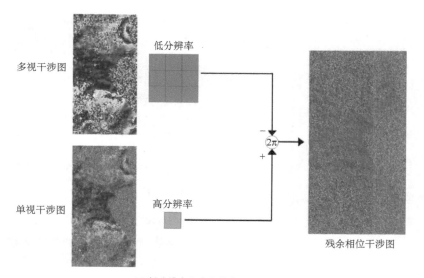

(a) 低分辨率和高分辨率相位分离

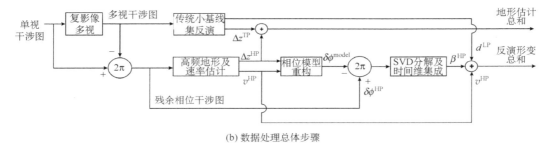

(b) 数据处理总体步骤

图 4.2　全分辨率小基线集雷达干涉处理流程图(Lanari et al.，2004)

4.3　相干目标法

通常而言，永久散射体方法可避免相位解缠，然而单一主影像策略使得获取干涉图信噪比不高。小基线集方法使用短的空间基线，保证了干涉图质量，此外数据多视处理和干涉图滤波，也能进一步增强相位信息；然而形变反演需要对干涉图进行相位解缠。相干目标法是 Mora 等(2003)综合永久散射体和小基线集方法优点的产物，该方法在较小数据量的情况下，也能获取稳健的结果，并且在平均线性形变和高程误差反演阶段，也能避免相位解缠，其主要处理步骤如下：①选择合适的一景影像作为所有 SAR 影像序列配准主影像，完成影像精确配准。②通过适当的基线组合(一般将空间基线和时间基线限制在一定范围，用于保证得到高的相干性)，获取多幅差分干涉图，同小基线集方法一样，不要求具有同一主影像。③提取相干性稳定且高的目标点，建立 Delaunay 三角网；引入改进永久散射体方法，即根据干涉图相邻 PS 点之间的相位差，建立相邻点线性形变速率增量和高程误差增量线性相位模型；通过解求和增量集成，即可获取每个点上形变速率和高程误差参数。④对去除线性模型相位之后的残余相位进行解缠和定标，反演单幅 SAR 图像残余相位；通过时间、空间滤波技术，进一步分离大气相位成分和非线性形变相位。

总体而言，相干目标法可以分为线性形变反演和非线性形变反演两大步骤，如图 4.3所示。

4.3.1　线性反演

在线性形变阶段，首先是应用平均相干系数图提取高相干候选点(后期形变模型阈值可以进一步排除噪声点)，然后在高相干目标点上建立 Delaunay 三角网，连接相邻像素。相干目标法形变反演模型同改进永久散射体方法(Ferretti et al.，2000)类似，去除平地相位和地形相位，相邻目标点上相位可以表示为

$$\begin{cases} \Delta\phi_{\text{diff}}(m, n, T_i) = \Delta\phi_{\text{model}}(m, n, T_i) + \Delta w(m, n, T_i) \\ \Delta\phi_{\text{model}}(m, n, T_i) = \frac{4\pi}{\lambda} \cdot T_i \cdot \Delta v(m, n) + \frac{4\pi}{\lambda} \frac{B_{\perp i} \cdot \Delta\varepsilon(m, n)}{R_i \cdot \sin\theta_i} \end{cases} \quad (4.16)$$

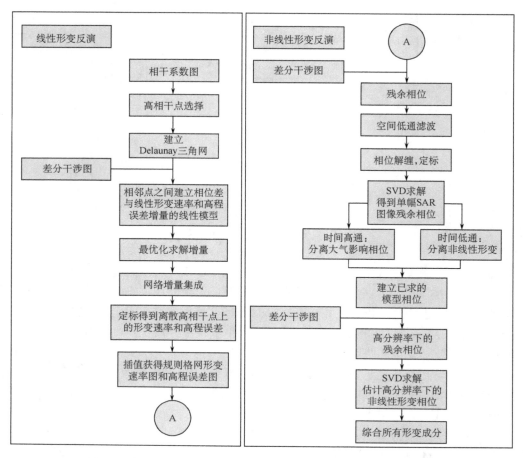

图 4.3 相干目标法形变反演处理流程(吴涛, 2008; 张红等, 2009)

式中, 两相邻点坐标分别为 $m = (x_m, y_m)$, $n = (x_n, y_n)$, x, y 为行列坐标; Δv 为形变速率增量; $\Delta\varepsilon$ 为高程误差增量; Δw 为残余相位, 包括大气相位、非线性形变相位和噪声相位。考虑到大气在空间上为低频分布, 只要相邻像素之间距离小于相关距离时, 可以认为两相邻大气互相抵消, 故可忽略不计。

为了获取速率增量和高程增量, 可使用最优化整体相位相干系数来解求, 如式(4.17)所示。

$$\max\gamma_{\text{model}}(m, n) = \frac{1}{M} \cdot \left| \sum_i \exp[j \cdot (\Delta\phi_{\text{diff}}(m, n, T_i) - \Delta\phi_{\text{model}}(m, n, T_i))] \right|$$

$$(4.17)$$

通常情况下, 干涉图数量越多, 使用上述增量模型估计速度增量和高程增量就越准确。

在上述模型解求过程中, 可以设置阈值来进一步提出初始选取的噪声相干目标点, 然后对获取的增量进行积分集成, 如式(4.18)所示, 即可获取线性形变速率和高程误差。

$$\begin{cases} v_{\mathrm{est}}(x, y) = \dfrac{1}{\sum_i \gamma_{\mathrm{model}}(x, y, x_i, y_i)} \cdot \sum_i \left[v_{\mathrm{est}}(x_i, y_i) + \Delta v_{\mathrm{est}}(x, y, x_i, y_i) \right] \cdot \gamma_{\mathrm{model}}(x, y, x_i, y_i) \\[3mm] \varepsilon_{\mathrm{est}}(x, y) = \dfrac{1}{\sum_i \gamma_{\mathrm{model}}(x, y, x_i, y_i)} \cdot \sum_i \left[\varepsilon_{\mathrm{est}}(x_i, y_i) + \Delta \varepsilon_{\mathrm{est}}(x, y, x_i, y_i) \right] \cdot \gamma_{\mathrm{model}}(x, y, x_i, y_i) \end{cases}$$

$$(4.18)$$

4.3.2 非线性反演

从原始差分干涉图相位减去上述估计得到的线性形变相位和高程误差相位之后，便得到残余误差相位，表示为

$$\Delta \phi_{\mathrm{res}}(x, y, T_i) = \Delta \phi_{\mathrm{nonlinear}}(x, y, T_i) + \Delta \phi_{\mathrm{atm}}(x, y, T_i) + \Delta \phi_{\mathrm{noise}}(x, y, T_i)$$

$$(4.19)$$

式中，$\Delta \phi_{\mathrm{nonlinear}}(x, y, T_i)$ 为非线性形变相位；$\Delta \phi_{\mathrm{atm}}(x, y, T_i)$ 为大气迟延相位。首先对高相干点上的残余相位 $\Delta \phi_{\mathrm{res}}(x, y, T_i)$ 进行线性插值到规则格网上，然后利用二维平滑窗口进行空间低通滤波抑制噪声，获取空间低分辨率残余相位 $\Delta \phi_{\mathrm{resSLR}}(x, y, T_i)$，表示为

$$\Delta \phi_{\mathrm{resSLR}}(x, y, T_i) = \Delta \phi_{\mathrm{nonlinearSLR}}(x, y, T_i) + \Delta \phi_{\mathrm{atm}}(x, y, T_i) \qquad (4.20)$$

式中，$\Delta \phi_{\mathrm{nonlinearSLR}}(x, y, T_i)$ 为低空间分辨率非线性形变部分。则根据干涉图组合，残余相位可进一步表示为

$$\Delta \phi_{\mathrm{resSLR}}(x, y, T_i) = \Delta \phi_{\mathrm{resSLR}}(x, y, t_j) + \Delta \phi_{\mathrm{resSLR}}(x, y, t_k), \qquad \forall i = 1, \cdots, M$$

$$(4.21)$$

式中，M 为干涉图个数；$T_i = t_j - t_k$，t_j 和 t_k 分别为主辅影像的获取时间。对残余相位解缠之后，使用 SVD 方法对式（4.21）解求，可以获取每幅影像相对应主影像的低分辨率残余相位 $\phi_{\mathrm{resSLR}}(x, y, T_i)$。对该成分进行 Kaiser 窗时间维低通滤波，可以获取低分辨率非线性形变成分；对其高通滤波，可以获取大气迟延相位估计。接下来，对高分辨率非线性形变 $\Delta \phi_{\mathrm{resSHR}}(x, y, T_i)$ 进行估计，具体也可以使用 SVD 方法获取。最后，整体形变位移量可以使用式（4.22）来表示：

$$\rho(t_i) = \frac{\lambda}{4\pi} \cdot \left[\frac{4\pi}{\lambda} \cdot (t_i - t_1) \cdot v_{\mathrm{est}} + \phi_{\mathrm{nonlinearSLR}}(t_i) + \phi_{\mathrm{nonlinearSHR}}(t_i) \right] \qquad (4.22)$$

4.4 IPTA 方法

IPTA 方法是由 Werner 和 Wegmuller 等人提出的（Werner et al.，2003），该方法利用点目标相位信息，使得分析和处理长基线干涉图成为可能。IPTA 方法通过分析干涉图中点目标相位在时间和空间上的特性，可以有效、精确分离干涉图中形变相位、地形相位、轨道误差相位和大气相位。其对应主要步骤包括：①同永久散射体方法，选择合适主影像，对同一场景所有 SAR 影像序列进行精确配准；②综合使用单影像频谱稳定

性和散射强度时间序列稳定性，提取目标候选点；③利用二维线性递归模型，使用时间基线和空间基线等参数，估计目标点上的高程误差和线性形变量；④获取解缠干涉图相位，并对卫星轨道基线进行纠正，获取更为精确的形变量和高程误差；⑤通过对残余干涉相位时、空滤波，进一步分离非线性形变和大气延迟相位。不同于其他方法，IPTA可以通过迭代对模型解求参数进行改进，提高了该方法的稳健性。

IPTA相位模型同传统InSAR方法相同，如式（4.23）所示。

$$\phi_{\text{unw}} = \phi_{\text{topo}} + \phi_{\text{def}} + \phi_{\text{atm}} + \phi_{\text{noise}} \tag{4.23}$$

式中，ϕ_{unw}为解缠之后的干涉相位，包括了地形相位ϕ_{topo}，形变相位ϕ_{def}，大气相位ϕ_{atm}和噪声相位ϕ_{noise}。

在综合使用强度法和频谱特征法提取PS候选点之后，减去平地相位和地形相位后，便可获取目标点上的差分干涉相位。研究发现，差分干涉相位不仅跟垂直基线线性相关，而且在时间域上跟形变速率近似存在线性关系；因此可以使用一个二维迭代模型来估算跟垂直基线相关的高程误差相位和跟时间基线相关的线性形变相位。由于此时获取的相位是缠绕的，对于大数量干涉图序列来说，不需解缠（相位解缠处理已集成在反演模型中）；而对小数据量干涉图序列，一般需要先对干涉图进行解缠处理。模型解算结果包括高程误差、线性形变速率、残余相位（包括大气相位、非线性形变相位和其他误差相位）、质量评价指标及解缠后的干涉相位。

IPTA一个重要的改进是提出了一个逐级修正模型估计参数的策略。卫星轨道误差可结合解缠相位和地形高程，采用最小二乘方法得以校正。高程误差和线性形变速率可通过参数迭代补偿得以解求。大气相位、残余卫星轨道相位和非线性形变相位，可通过分析各个成分在时间、空间域的特性，使用滤波方法加以分离。IPTA方法反演获取的产品包括高程误差、线性形变速率、大气迟延相位、改正卫星基线、质量评价指标和非线性形变时间序列，整体处理流程如图4.4所示（Werner et al.，2003）。

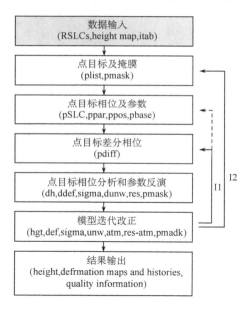

图4.4　IPTA干涉处理数据处理流程

4.5　StaMPS方法

2004年Hooper等人提出了StaMPS干涉方法（Hooper et al.，2004），用于非城镇区地表形变的监测（尤其适用于突发式地壳、火山运动）。不同于永久散射体方法，StaMPS方法利用目标相位稳定性准则来评价PS候选点质量。该策略可获取低散射强度、高稳定相位的目标点；进而增强PS候选点的空间分布密度。此外，StaMPS方法利用相位空间相关性来估算形变量等信息，因此具有反演地表周期性过程（如火山形变）的能力。其主要处理步骤包括：①同永久散射体方法，首先选择合适主影像，对同一场景影像序列进行精确配准。②应用相位稳定性准则，提取高质量散射目标作为 PS 候选点；PS 候选点通过迭代运算提取，同时可获取高程误差(空间不相关)模型参数。③减去空间不相关高程误差相位，差分相位包括：形变、轨道误差、大气效应、残余高程误差和噪声相位；接着利用时空三维解缠技术，获取时间序列解缠干涉图。④对解缠干涉图依次进行时间维高通滤波和空间维低通滤波，即可获取同空间相关的相位误差(大气延迟相位、卫星轨道误差相位和空间相关高程误差相位)；解缠干涉图减去该误差成分，便得最终形变相位和噪声。

在使用参考 DEM 数据和卫星轨道数据去除平地和地形相位之后，第 i 幅第 x 个像素对应的差分相位可表示为

$$\phi_{x,i} = \phi_{\text{def},x,i} + \phi_{a,x,i} + \phi_{\text{orb},x,i} + \phi_{\varepsilon,x,i} + n_{x,i} \tag{4.24}$$

式中，$\phi_{\text{def},x,i}$ 为在雷达视向上的地表形变；$\phi_{a,x,i}$ 为大气延迟相位；$\phi_{\text{orb},x,i}$ 为不精确轨道引入的轨道误差相位；$\phi_{\varepsilon,x,i}$ 为去除参考 DEM 之后高程误差相位；最后一项 $n_{x,i}$ 表征由不精确参考 DEM、散射特性变化、系统热噪声及配准误差引入的噪声相位。

PS 候选点的提取即获取 $n_{x,i}$ 很小的目标点。式(4.24)中前四项主导了相位信息，因此不能直接利用噪声相位来识别 PS 候选点。假设形变相位 ϕ_{def}，大气相位 ϕ_a 和轨道误差相位 ϕ_{orb} 在一定空间尺度 L 是相关的，而高程误差相位 ϕ_ε 和噪声相位 n 在空间尺度上不相关，且均值为零。在此假设下，首先对当前像素 x 半径 L 圆弧窗口内的相邻 PS 点相位平均，如式(4.25)所示。

$$\bar{\phi}_{x,i} = \bar{\phi}_{\text{def},x,i} + \bar{\phi}_{a,x,i} + \bar{\phi}_{\text{orb},x,i} + \bar{n}_{x,i} \tag{4.25}$$

式中，$\bar{n}$ 包含了高程误差和噪声相位的均值。式(4.24)减去式(4.25)，则得

$$\phi_{x,i} - \bar{\phi}_{x,i} = \phi_{\varepsilon,x,i} + n_{x,i} - \bar{n}'_{x,i} \tag{4.26}$$

式中，$\bar{n}' = \bar{n} + (\bar{\phi}_{\text{def}} - \phi_{\text{def}}) + (\bar{\phi}_a - \phi_a) + (\bar{\phi}_{\text{orb},x,i} - \phi_{\text{orb}})$。式(4.26)中 $\phi_{\varepsilon,x,i}$ 同干涉对垂直基线线性相关，即 $\phi_{\varepsilon,x,i} = B_{\perp,x,i} K_{x,i}$，$K_{x,i}$ 就是线性相关常数，把它代入式(4.26)，就可以使用最小二乘法解求参数 $K_{x,i}$。为此，定义时间相关系数来衡量候选点相位的稳定性，用以提取 PS 候选点：

$$\gamma_x = (1/N) \left| \sum_{i=1}^{N} \exp[j(\phi_{x,i} - \bar{\phi}_{x,i} - \hat{\phi}_{\varepsilon,x,i})] \right| \tag{4.27}$$

式中，N 为干涉图个数；$\hat{\phi}_{\varepsilon,x,i}$ 为 $\phi_{\varepsilon,x,i}$ 的估计值。由于在提取 PS 过程中，需要预先获知当前像素 x 邻域 PS 点信息。在无先验知识下，可首先使用幅度法获取初始 PS 候选点，然后通过反复迭代运算，计算 $K_{x,i}$ 和 γ_x 值。一般而言，当半径 L 圆弧窗口噪声信息占主导时，$\bar{n}'_{x,i}$ 值不可忽略即对应低的 γ_x 值；反之，高的 γ_x 值则对应 PS 候选点。迭代运算最终 PS 点的确定需要选取阈值 γ^*，即虚警概率 q 最小，而提取 PS 候选点空间分布密度最大。令 γ_x 概率密度函数 $p(\gamma_x)$ 为随机相位概率密度函数 $p_r(\gamma_x)$ 和 PS 候选点相位概率密度函数 $p_{\text{ps}}(\gamma_x)$ 加权之和，如 $p(\gamma_x) = (1-\alpha)p_r(\gamma_x) + \alpha p_{\text{ps}}(\gamma_x)$；则估算 γ^* 值的目标函数为

$$(1-\alpha) \int_{\gamma^*}^{1} p_r(\gamma_x) \mathrm{d}\gamma_x \Big/ \int_{\gamma^*}^{1} p(\gamma_x) \mathrm{d}\gamma_x = q \tag{4.28}$$

式中，$p_r(\gamma_x)$ 和 α 都是未知量。其中 $p_r(\gamma_x)$ 可以使用随机相位模拟获取；假设对低的 γ_x 值（小于 0.3），$p_{ps}(\gamma_x) \approx 0$，则可以使用 $\int_0^{0.3} p(\gamma_x)\mathrm{d}\gamma_x = (1-\alpha)\int_0^{0.3} p_r(\gamma_x)\mathrm{d}\gamma_x$ 来保守估计 α 和 γ^*。

如上所述，StaMPS 法在提取 PS 点时，可同步估算地形参数 $K_{x,i}$（用于估计空间不相关高程误差相位 $\phi_{\varepsilon,x,i}$）。从原始差分干涉相位 $\phi_{x,i}$ 减去 $\phi_{\varepsilon,x,i}$ 即得残余相位，包含形变相位、大气相位、轨道误差相位和空间相关高程误差相位。通常情况下，残余相位邻域 PS 点相位差小于 π。StaMPS 方法使用时空三维相位解缠技术来获取 PS 点相对于参考点的解缠相位时间序列。接着，可以先后通过时间维高通滤波、空间维低通滤波，获取同空间相关的误差成分；解缠相位减去该误差成分，即得形变相位序列和噪声相位。

4.6 QPS 方法

通过分析观测周期内电磁散射特性稳定的目标点，永久散射体法在城镇区缓慢地表形变监测中获得了成功应用。该技术在非城区因永久散射体目标点密度稀疏，阻碍了其进一步推广使用。因此 Perrisin 和 Wang（2012）发展了 QPS 方法。该方法能提取部分相干目标点，能增强观测区域点目标空间分布密度，其可靠性已在我国三峡大坝滑坡监测中得到了验证（Wang et al.，2008）。相对永久散射体方法而言，QPS 技术在以下三个方面有所改进：

（1）干涉对组合采用了类似于小基线集多主影像策略。

（2）在形变场和高程误差反演阶段，只有部分可靠的相干图参与了未知参数的估计。

（3）对干涉图进行滤波，以增强部分相干点目标相位的信噪比。

上述改进使 QPS 方法在牺牲反演结果一定程度的前提下，具备了处理分布式目标的能力。

4.6.1 干涉图组合

假设处理的雷达图像数量为 N，在干涉图生成阶段，保证所有图像在时间维首尾相连的最小连接数为 $N-1$；而生成一个完全图则为 $N(N-1)/2$。在 QPS 干涉组合图构建阶段，干涉图的相干性可作为权重值来衡量连接图质量，用以判断不同干涉组合图形的优劣，如式（4.29）所示。式中，干涉影像对 (i,k) 目标点 p 的相干值 $\gamma_p^{i,k}$ 可通过邻域窗口 $\mathrm{win}(p)$ 空域取均值获得。N_p 表征场景内目标点个数。相干值 $\gamma^{i,k}$ 可通过对所有 $\gamma_p^{i,k}$ 绝对值取平均获得。在获取干涉信息方面，完全图是最佳选择。然而，折中考虑计算效率及冗余信息，在干涉图组合阶段，建议采用基于最大连接相干值的最小生成树，如图 4.5 所示。

$$
\begin{cases}
\gamma_p^{i,k} = \dfrac{\sum\limits_{\mathrm{win}(p)} s_i s_k^*}{\sqrt{\sum\limits_{\mathrm{win}(p)} |s_i|^2 \sum\limits_{\mathrm{win}(p)} |s_k|^2}} \\
\gamma^{i,k} = \dfrac{1}{N_p} \sum\limits_p |\gamma_p^{i,k}|
\end{cases}
\tag{4.29}
$$

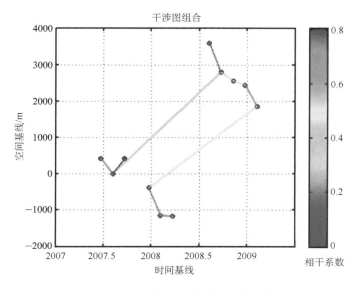

图 4.5　基于最小生成树干涉组合图

4.6.2　干涉图滤波

经典永久散射体法仅关注点目标散射体，算法基于时间相干系数来评价目标点质量。然而，在现实场景中，尤其是非城市区域，严格的永久散射目标点分布稀疏，即那些在时间上不相干而空间上相干的像素点(分布式相干目标或区域)已丢失。为了从分布式目标提取可靠信息，利用空域滤波器增强相位信噪比显得尤为重要。QPS形变趋势和高程误差可通过式(4.30)模型反演(Perissin and Wang，2012)：

$$\xi_p = \frac{\sum\limits_{(i, k)} \gamma_p^{i, k} e^{-j}(\Delta\phi_{H, p}^{i, k} + \Delta\phi_{D, p}^{i, k})}{\sum\limits_{(i, k)} |\gamma_p^{i, k}|} \qquad (4.30)$$

式中，$\Delta\phi_{H, p}^{i, k}$是高程相关项，$\Delta\phi_{D, p}^{i, k}$是形变相关项。

4.7　其 他 方 法

4.7.1　角反射器 PS-InSAR

当观测区永久散射体空间分布密度较为稀疏时，人工角反射器(图 4.6)PS-InSAR技术反演形变量将发挥潜力。通常情况下，角反射器能够获取强雷达后向散射截面值和相位高信噪比(在时间尺度表征为稳定)；这些特性使得角反射器 PS-InSAR 反演高精度形变信息成为可能，如式(4.31)所示(Ketelaar et al.，2004；Ferretti et al.，2007)。

$$\sigma_{\text{LOS}} = \frac{\lambda}{4\pi} \cdot \sigma_\phi \approx \frac{\lambda}{4\pi} \cdot \sqrt{\frac{1}{2 \cdot \text{SCR}}} \qquad (4.31)$$

式中，σ_{LOS} 为雷达视线向形变离散度；σ_ϕ 为相位噪声；SCR 为相位信噪比。由此可得，对于 SCR 高于 100 的点目标，在 C 波段，其形变反演的理论精度可达 0.3mm。

图 4.6　人工角反射器示意图(Ferretti et al. ，2007)

4.7.2　Persitent Scatterer Pairs

为了克服常规 PS-InSAR 方法形变模型依赖强，轨道误差和大气迟延相位估计、滤除困难等局限性，Costantini 等(2008)提出了一种 PSP(persistent scatterer pairs)方法。该方法不仅可省略多时相 SAR 影像序列标定处理，而且模型对 PS 候选点空间分布密度不敏感，有利于自然地形及非线性形变信息提取。由于采用了基于邻域 PS 点对相位分析技术，所有跟空间相关的相位成分，例如，大气迟延相位和轨道误差相位在数据分析中可忽略不计。弧线 a 连接的第 i 幅相邻 PS 点对相位差 $\delta\phi_{a,i}$ 可表示为

$$\delta\phi_{a,i} = \frac{4\pi}{\lambda}\big[T_i\delta v_a + \alpha B_i\delta h_a + \varepsilon_{a,i}\big]_{2\pi} \tag{4.32}$$

式中，δv_a 和 δh_a 分别为 PS 点对速度差和高程误差；B_i 和 T_i 分别为垂直基线和时间基线；λ 为波长；α 为已知参数；$\varepsilon_{a,i}$ 为噪声；δv_a 和 δh_a 的解求可以通过时间相干系数，即式(4.33)获取：

$$\gamma_a = \max_{v_a, h_a}\Big| \sum_i w_{a,i}\mathrm{e}^{j\varepsilon_{a,j}} \Big| \tag{4.33}$$

式中，$w_{a,i}$ 为权值，可使用 SAR 影像幅度值等信息来标定。

4.7.3　层析 PS-InSAR

城市区在高分辨率 SAR 影像上(如 TerraSAR-X 和 COSMO-SkyMed)可产生大量叠掩区，并且容易造成相位失真，即来自高楼和地面强散射会投影在同一像素之内。通常情况下，单幅干涉图无法辨别雷达视向具有不同高度的散射体。层析法(tomography)

和 PS-InSAR 的结合，即层析 PS-InSAR 具备了从同一分辨单元提取多散射体目标速度场及高度误差的能力。该方法尤其适合利用高分辨率 SAR 影像监测人工建筑物局部形变和结构信息。由于同时利用了重复轨道 SAR 数据幅度和相位信息，层析 PS-InSAR 具有两大优势：首先，相对于仅利用相位信息的 PS-InSAR 而言，该方法在散射体定位、提取和监测方面具有更高精度；其次，该方法不仅能区分来自同一分辨单元不同散射体，而且能获取它们对应形变速度（甚至非线性形变时间序列），该方法的细节请参见相关文献（Lombardini，2005；Adam et al.，2008；Fornaro et al.，2009；Fornaro et al.，2010；Zhu and Bamler，2011）。

参 考 文 献

汤益先，张红，王超. 2006. 基于永久散射体雷达干涉测量的苏州地区沉降研究. 自然科学进展，16(8)：1015～1020

吴涛. 2008. 多基线距 DInSAR 技术反演地表缓慢形变研究. 中国科学院遥感应用研究所博士学位论文

张红，王超，吴涛. 2009. 基于相干目标的 DInSAR 方法研究. 北京：科学出版社

Adam N, Eineder M, Martinez N Y, et al. 2008. High resolution interferometric stacking with TerraSAR-X. In: Proceeding of International Geoscience and Remote Sensing Symposium (IGARSS 2008), Boston, USA, July, 117～120

Batuhan O, Timothy H D, Shimon W, et al. 2011. Mexico City subsidence observed with persistent scatterer InSAR. International Journal of Applied Earth Observation and Geoinformation, 13：1～12

Berardino P, Fornaro G, Lanari R, et al. 2002. A new algorithm for surface deformation monitoring based on small baseline differential SAR interferograms. IEEE Transactions on Geoscience and Remote Sensing, 40(11)：2375～2383

Chen F L, Lin H, Yeung K, et al. 2010. Detection of slope instability in Hong Kong based on multi-baseline differential SAR interferometry using ALOS PALSAR data. GIScience and Remote Sensing, 47(2)：208～220

Colesanti C, Ferretti A, Novali F, et al. 2003a. SAR monitoring of progressive and seasonal ground deformation using the permanent scatterers technique. IEEE Transactions on Geoscience and Remote Sensing, 41(7)：1685～1701

Colesanti C, Ferretti A, Prati C, et al. 2003b. Monitoring landslides and tectonic motions with the permanent scatterers technique. Engineering Geology, 68：3～14

Costantini M, Rosen P A. 1999. A generalized phase unwrapping approach for sparse data. In: Proceeding of International Geoscience and Remote Sensing Symposium(IGARSS 1999), Hamburg, Germany, June, 267～269

Costantini M, Falco S, Malvarosa F, et al. 2008. A new method for identification and analysis of persistent scatterers in series of SAR images. In: Proceeding of International Geoscience and Remote Sensing Symposium (IGARSS 2008), Boston, USA, July, 449～452

Fernandez J, Romero R, Carrasco D, et al. 2005. Detection of displacements on Tenerife Island, Canaries, using radar interferometry. Geophysical Journal International, 160：33～45

Ferretti A, Rocca F, Prati C. 1999. Permanent scatterers in SAR interferometry. In: Proceeding of International Geoscience and Remote Sensing Symposium (IGARSS1999), Hamburg, Germany, June, 1528～1530

Ferretti A, Prati C, Rocca F. 2000. Nonlinear subsidence rate estimation using permanent scatterers in differential SAR interferometry. IEEE Transactions on Geoscience and Remote Sensing, 38(5)：2202～2212

Ferretti A, Prati C, Rocca F. 2001. Permanent scatterers in SAR interferometry. IEEE Transactions on Geoscience and Remote Sensing, 39(1)：8～20

Ferretti A, Savio G, Barzaghi R, et al. 2007. Submillimeter accuracy of InSAR time series: experimental validation. IEEE Transactions on Geoscience and Remote Sensing, 45(5)：1142～1153

Fornaro G, Reale D, Serafino F. 2009. Four-dimensional SAR imaging for height estimation and monitoring of single and double scatterers. IEEE Transactions on Geoscience and Remote Sensing, 47(1)：224～237

Fornaro G, Serafino F, Reale D. 2010. 4-D SAR imageing: the case study of Rome. IEEE Geoscience and Remote

Sensing Letters, 7(2): 236~240

Gamma Remote Sensing AG. 2007. Gamma software documentation: differential interferometry /geocoding documentation

Gatelli F, Guarnieri A M, Parizzi F, et al. 1994. Wavenumber shift in SAR interfereometry. IEEE Transactions on Geoscience and Remote Sensing, 32(4): 855~864

Hanssen R. 1998. Atmospheric Heterogeneities in ERS Tandem SAR Interferometry. Delft:Delft University Press

Herrera G, Tomas R, Lopez-Sanchez J M, et al. 2007. Advanced DInSAR analysis on mining areas: La Union case study (Murcia, SE Spain). Engineering Geology, 90: 148~159

Hooper A, Zebker H A, Segall P, et al. 2004. A new method for measuring deformation on volcanoes and other natural terrains using InSAR persistent scatterers. Geophysical Research Letters, 31: L23611

Jiang L, Lin H, Ma J, et al. 2011. Potential of small-baseline SAR interferometry for monitoring land subsidence related to underground coal fires: Wuda (Northern China) case study. Remote Sensing of Environment, 115: 257~268

Ketelaar G, Marinkovic P, Hanssen R. 2004. Validation of point scatterer phase statistics in multi-pass InSAR. In: Processding of CEOS SAR Workshop, Ulm, Germany, 27-28 May

Lanari R, Mora O, Manunta M, et al. 2004. A small-baseline approach for investigating deformations on full-resolution differential SAR interferograms. IEEE Transactions on Geoscience and Remote Sensing, 42(7): 1377~1386

Lee H, Liu J G. 2001. Analysis of topographic decorrelation inSAR interferomtry using ratio coherence imagery. IEEE Transactions on Geoscience and Remote Sensing, 39(2): 223~232

Lin H, Chen F, Zhao Q. 2011. Land deformation monitoring using coherent target-neighborhood networking method combined with polarimetric information: a case study of Shanghai, China. International Journal of Remote Sensing, 32(9): 2395~2407

Liu G, Jia H, Zhang R, et al. 2011. Exploration of Subsidence Estimation by Persistent Scatterer InSAR on Time Series of High Resolution TerraSAR-X Images. IEEE Journal of Selected Topics in Applied Earth Observations and Remote Sensing, 4(1): 159~170

Lombardini F. 2005. Differential tomography: A new framework for SAR interferometry. IEEE Transactions on Geoscience and Remote Sensing, 43(1): 37~44

Mora O, Mallorqui J J, Broquetas A. 2003. Linear and nonlinear terrain deformation maps from a reduced set of interferometric SAR images. IEEE Transactions on Geoscience and Remote Sensing, 41(10): 2243~2252

Perissin D, Wang T. 2012. Repeat-pass SAR interferometry with partially coherent targets. IEEE Transactions on Geoscience and Remote Sensing, 50(1): 271~280

Wang T, Perissin D, Liao M, et al. 2008. Deformation Monitoring by Long Term D-InSAR Analysis in Three Gorges Area, China. In: Proceeding of IEEE International Geoscience and Remote Sensing Symposium (IGARSS 2008), Boston, USA, July, IV-5-IV-8

Werner C, Wegmuller U, Strozzi T, et al. 2003. Interferometric point target analysis for deformation mapping. In: Proceeding of IEEE International Geoscience and Remote Sensing Symposium (IGARSS 2003), Toulouse, France, July, 4362~4364

Wu T, Wang C, Zhang H, et al. 2008. Deformation retrieval in large areas based on multi-baseline DInSAR algorithm: a case study in Cangzhou, northern China. International Journal of Remote Sensing, 29(12): 3633~3655

Zebker H A, Rosen P A, Hensley S. 1997. Atmospheric effects in interferometric synthetic aperture radar surface deformation and topographic maps. Journal of Geophysical Research, 102(B4): 7547~7563

Zhao Q, Lin H, Jiang L, et al. 2009. A study of ground deformation in Guangzhou urban area with persistent scatterer interferometry. Sensors, 9: 503~518

Zhu X X, Bamler R. 2011. Let's do the time warp: multicomponent nonlinear motion estimation in differential SAR tomography. IEEE Geoscience and Remote Sensing Letters, 8: 735~739

第5章　雷达干涉大气效应及比较分析

在过去 20 年中，雷达干涉测量（InSAR）技术在地形测绘和地表微小变形监测领域获得了广泛应用。但是大气引起的微波传输延迟，严重制约该技术的测量精度及适用性。前人研究发现，水汽变化在空间和时间上均十分显著，其对雷达干涉测量的误差起主要作用。以 InSAR 大气效应及改正为研究目标，本章从基于外部数据的比较角度探讨该问题，即利用 SAR 大气相位屏提取的水汽值与同步水汽数据［包括 GPS（Global Positioning System）观测值、MERIS（the medium resolution imaging spectrometer）影像和 MM5 水汽模拟数据］进行比较研究；主要内容包括下述几个方面：

首先，为对 SAR 和非 SAR 水汽数据进行比较，本章给出了水汽成分模型。除典型混合湍流项和高程分层项外，该模型还考虑了在水汽中混合的空间线性趋势项和地物相关的稳定项。基于此模型，以 MM5 水汽数据为例，提出了合适的分解策略，以区分空间线性趋势项和高程分层项，以及地物相关平稳项和大气湍流项。

其次，基于上述模型，对 SAR 大气相位屏和 GPS 反演获取的气象数据进行了比较，以分析 SAR 水汽含量的精度及两种技术之间的相对精确度。SAR 差分水汽值和 GPS 绝对水汽值的比较通过以下两种方式实现：差分和伪绝对模式。

最后，基于 SAR 大气相位屏，同步 MERIS 近红外水汽影像和 MM5 水汽图，对水汽各成分在差分（相对）模式下，不同空间尺度的空间统计特性进行了研究。此外作为示例，利用主影像日期的 MERIS 水汽图对 SAR 差分大气相位屏进行了恢复，获取了细尺度的 SAR 绝对水汽图。

5.1　InSAR 大气效应及水汽观测值

5.1.1　InSAR 大气效应

本节简要回顾雷达干涉测量中的大气信号及水汽影响。重复轨道模式是合成孔径雷达干涉测量中最典型、运用最广泛的工作模式，本节我们以重复轨道雷达干涉测量为例，来探讨干涉相位中的大气信号及水汽影响。

1. 干涉图大气效应

根据重复轨道 SAR 干涉测量的几何模型，干涉相位理论上可以分解成三个部分：参考椭球引起的干涉相位、地形引起的干涉相位和地表变形引起的干涉相位。除了上述三部分外，实际干涉获取的相位观测值，含有以下几类误差：卫星轨道的不准确性引起的误差，雷达信号传输时大气折射非均质性引起的信号延迟误差、雷达系统噪声、地物失相关和时间失相关引起的相位噪声。因此雷达干涉测量的相位观测值可以概括为下述六个部分：①参考相位项，取决于参考椭球的选取；②地形相位项，由目标相对于参考椭球面的大地高度；③变形相位项，目标地物在一段时间的变形；④轨道误差项，由不准确的卫星轨道引起；⑤大气误差项，由大气折射率的不均匀引起的延迟差异；⑥其他噪声项。干涉相位中的大气误差项，因雷达信号在星地间双向传输时，穿越大气层时大气折射的不均匀性所引起。为此，认识大气不同圈层及物理特性，对研究雷达大气误差十分重要。

大气层是因万有引力作用围绕在地球椭球体表面的混合气体层。由于地球的万有引力和太阳辐射作用，大气在不同的子层中，呈现出不同的物理属性。根据相对地表不同海拔的大气绝对温度的变化，从下至上，大气可分为对流层、平流层、中层、热层和外大气层。对流层，位于大气各层的底层，平均厚度约 12km，海拔每上升 100m 气温下降 0.65℃。据研究，对流层占整个大气质量的 80%（Mason et al.，2001），且大气中 99% 的大气水汽包含在对流层中（Mocker，1995）。在对流层中，干性和湿性大气的体积分别占约 80% 和 20%。对流层与平流层均为非色散介质，它们对微波信号延迟与频率无关。因此，上述两个气层也统称为中性大气。以带电离子浓度分布为视角，由高度约 50km 延伸至大气外层（无限远距离）为电离层，包括中层、热层和外部大气。电离层中存在带电离子和自由电子，且密度相当大。离子密度随本地时间、地理位置和太阳活动的强度而变化（Odijk，2002）。电离层中不同高度范围内的子层，其自由电子生成和消亡的比率也不尽相同（Schaer，1999）。

微波信号在大气传输中，受上述各个圈层气体的折射作用，其速度向量的大小和方向会被改变。这种现象称为大气折射。简化折射率 N 定义如下：

$$N = 10^6 (n-1) = 10^6 \left(\frac{c_0}{c} - 1 \right) \tag{5.1}$$

式中，c_0 和 c 分别是光在大气和真空中的速度。折射率的影响，可分为两个方面：第一个是速度大小的改变，通常称为信号延迟。另一个则是，速度向量的方向改变，通常称为信号弯曲。根据研究，当卫星信号天顶距入射角小于 87° 时，即使在极端的折射率条件下，信号弯曲部分也可以被忽略（Bean and Dutton，1968）。因此在几乎所有情况下，信号延迟是微波信号传输中唯一有效的大气折射效应。在没有特别指明时，大气折射往往用大气延迟来替代。

根据上述大气结构和折射率，如果忽略对折射率影响微不足道的其他大气微量元素，如云、气溶胶、火山灰等（Li，2005），折射率 N 一般可分解为：①干折射率，由中性大气中的干性气体引起；②湿折射率，由中性大气中的湿性气体（即水汽）引起；③电离层折射率，由电离层中的带电离子引起；④液态水折射率。在多雨的天气条件下液态水的折射率需要作为特别考虑。

$$N = N_d + N_w + N_{ion} + N_{liq} \tag{5.2}$$

相应地，因大气折射而形成的微波传输延迟可以分解为以下四个部分：干延迟、湿延迟、电离层延迟和液态水所引起的延迟。

$$l_{atm} = l_{ZHD} + l_{ZWD} + l_{ion} + l_{liq} \tag{5.3}$$

基于多普勒定位原理，SAR 大气相位正比率于雷达信号穿过大气层时折射率所引起的距离延迟。同时，由于 SAR 传感器发出的信号，在卫星与地表间双向传输，SAR 大气延迟需要双倍计算。因此 SAR 大气相位 φ 可由不同大气延迟的组成部分来表示：

$$\begin{aligned}\varphi_{\text{atm}} &= -\frac{4\pi}{\lambda}(l_{\text{atm}}) \\ &= -\frac{4\pi}{\lambda}(l_{\text{ZHD}} + l_{\text{ZWD}} + l_{\text{ion}} + l_{\text{liq}})\end{aligned} \quad (5.4)$$

在式(5.4)中，我们可以忽略电离层延迟，因为本地电离层分布在 50km 以内，空间异性几乎非常微弱，对短波长的(如 C，X 波段)SAR 数据，干涉雷达的影响可忽略。若在电离层异常活跃时期和对于长波长 SAR 数据，电离层影响仍需考虑，在本章中暂不多作考虑；在绝大多数天气情况下，液态水延迟幅度小于 1mm，也可忽略(Hanssen，2001)。因而根据上述简化，式(5.4)中的大气延迟只包含了天顶干延迟(zenith hydrostatic delay，ZHD)和水汽引起的天顶湿延迟(zenith wet delay，ZWD)。考虑到需要将 ZHD 和 ZWD 天顶大气延迟利用映射函数转换成雷达视线方向的大气延迟，式(5.4)可进一步改写为

$$\varphi_{\text{atm}} = -\frac{4\pi}{\lambda}\left(\frac{\text{ZHD}}{\text{MAP}_{\text{H}}} + \frac{\text{ZWD}}{\text{MAP}_{\text{W}}}\right) \quad (5.5)$$

式(5.5)中的 ZHD 和 ZWD 的映射函数是不同的，但都只依赖于信号入射角。干涉大气相位记录了主辅影像大气相位的差分。因为干涉基线(不超过 1000m)远远低于卫星与地面之间的距离(超过 100km)，其入射角和两个时刻的映射函数可以假定不变：

$$\phi_{\text{atm}} = -\frac{4\pi}{\lambda}\left(\frac{\text{ZHD}_1 - \text{ZHD}_2}{\text{MAP}_{\text{H}}} + \frac{\text{ZWD}_1 - \text{ZWD}_2}{\text{MAP}_{\text{W}}}\right) \quad (5.6)$$

对两幅 SAR 影像做干涉，其干涉图是相对于解缠参考点的相位差，而地面变形也以该地面参考点为基准。因此 InSAR 干涉相位扰动(对流层延迟)仅在主辅影像不同成像时刻和不同空间点产生作用。

考虑到 ZHD 在不同的时刻均匀变化(ZHD 的空间变化均匀且模型准确度可优于 1mm)，静力学大气相位部分(即干延迟所引起相位)可以在 InSAR 干涉相位和变形信号反演中忽略。式(5.6)可以做更进一步简化，大气干涉相位可以仅用湿延迟代表：

$$\phi_{\text{atm}} = -\frac{4\pi}{\lambda}\left(\frac{\text{ZWD}_1 - \text{ZWD}_2}{\text{MAP}_{\text{W}}}\right) \quad (5.7)$$

研究已证明，在给定区域，可降大气水汽(precepitable water vapor，PWV)与 ZWD 呈线性关系(Li et al.，2007)：

$$\text{PWV} = \Pi \times \text{ZWD} \quad (5.8)$$

式中，Π 为比例因子(或线性转换因子)。PWV 虽然在不同区域有微弱变化，但在给定区域的同一时刻保持不变(Li et al.，2007)。这样 InSAR 大气干涉相位可以由 PWV 表示如下：

$$\phi_{\text{atm}} = -\frac{4\pi}{\lambda}\left(\frac{\text{PWV}_1 - \text{PWV}_2}{\Pi \cdot \text{MAP}_{\text{W}}}\right) \quad (5.9)$$

为了定量给出水汽对 InSAR 干涉测量的影响，我们进一步推导大气水汽对干涉相位以及视线向地表变形的敏感性。如上述，InSAR 干涉相位以空间参考点为基准，因此

它是一个差分量。如果假定在不同空间，不同卫星观测时间，PWV 具有相同的标准偏差，则根据误差传播定律，可以推导出 PWV 偏差对 InSAR 相位的不确定性影响，如式(5.10)和式(5.11)所示。

$$\phi_\Delta = -\frac{4\pi}{\lambda}\Big(l_{0\Delta} - \Delta\rho_\Delta + \frac{PWV_{1\Delta} - PWV_{2\Delta}}{\Pi \cdot MAP_w(\theta)}\Big) \tag{5.10}$$

$$\sigma_{\phi_\Delta} = \frac{8\pi}{\lambda} \cdot \frac{1}{\Pi \cdot MAP_w(\theta)} \cdot \sigma_{PWV} \tag{5.11}$$

式(5.10)中，$\Delta\rho_\Delta$ 为地表相对于参考点在视线向变形信息；$PWV_{i\Delta}$ 为 i 时刻空间 PWV 之差；$MAP_w(\theta)$ 为入射角函数。对式(5.10)做转换，PWV 偏差对于变形 $\Delta\rho_\Delta$ 的不确定性误差传播可表示为

$$\Delta\rho_\Delta = \frac{PWV_{1\Delta} - PWV_{2\Delta}}{\Pi \cdot MAP_w(\theta)} + \frac{\lambda}{4\pi}\phi_\Delta + l_{0\Delta} \tag{5.12}$$

$$\sigma_{\Delta\rho} = \frac{2}{\Pi \cdot MAP_w(\theta)} \cdot \sigma_{PWV} \tag{5.13}$$

从式(5.12)和式(5.13)中，我们获得了可降水汽（PWV）对干涉相位和雷达视线方向变形的标准偏差，可应用于目前主流星载 InSAR 平台：ENVISAT ASAR，ALOS PALSAR，Radarsat 2，TerraSAR-X 和 COSMO SkyMed。在本章示例中，取本区域线性比例因子为 0.162(Li et al.，2007)，选择平均入射角度的余弦函数作为近似映射函数来简化估算模型，进而获得 PWV 标准偏差对常用 SAR 数据的影像误差，如表 5.1 所示。

表 5.1　可降水汽对典型 SAR 数据造成的相位及变形误差（标准偏差）

SAR 影像 ＼ PWV 中误差(1mm)	入射角	干涉相位标准偏差/rad	视距变形标准偏差/mm
ENVISAT ASAR(Swath 2)	23.0°(19.2°~26.7°)	3.00	13.40
ALOS PAlSAR(FineMode)	34.3°(8°~60°)	0.79	14.95
RadarSat2(standard，wide，ScanSAR mode)	34.5°(20°~49°)	3.39	14.99
TerraSAR-X	32.5°(20°~45°)	5.91	14.63
COSMO-SkyMed	40.0°(20°~60°)	6.53	16.11

从表 5.1 中，我们可得出初步结论：对典型的 SAR 图像（传感器）而言，大气中 1.0mm PWV 不确定性对 InSAR 视距向变形反演，标准偏差在约 15mm 水平。该结论一方面表明水汽对 InSAR 干涉相位和变形信号的影响程度，另外一方面证明了水汽建模以及大气校正对 InSAR 高精度形变反演和监测的重要及迫切性。

2. 大气相位屏(atmospheric phase screen，APS)

1999 年后，随着以永久散射体为代表的 PS-InSAR 技术的出现，PS-InSAR 对传统的 InSAR 技术做出了极大促进和提高。PS-InSAR，以永久散射体技术为例，该技术利用大量 SAR 数据（至少 20 景），首先在影像上检测相位稳定和相干性强的 PS 候选点，并在这些稀疏目标点上估计目标高程误差，变形速率和大气噪声(Ferretti et al.，2001)。作为高级 InSAR 技术的典型代表和新的里程碑，PS-InSAR 理论创新和实践发展，使得

基于该技术反演大气相位屏（APS）成为可能。理论上，当城市区域 PS 点空间分布密度足够时，PS-InSAR 获取的水汽，其精度可以达到毫米级。

传统 InSAR 和 PS-InSAR 技术最大区别是：PS-InSAR 能够估计大气对干涉相位的贡献，通常指大气相位屏（APS）(Ferretti et al.，2001)。APS 是在 PS-InSAR 技术发展成熟后，针对干涉相位模型中大气相位命名。Colesanti 等指出，估计的大气相位屏，分为两个部分，包括大气的影响和轨道误差的影响(Colesanti et al.，2003)。因此在实践中，PS-InSAR 技术估计的大气相位屏 APS 集聚了所有独立于目标高程及可模型化地表形变的相位延迟，即 APS 不仅包括了真实大气相位，还包括轨道误差引起的相位和其他未知空间相关相位项。

PS-InSAR 反演水汽的整个算法可表达为三个步骤(Ferretti et al.，2001；Perissin，2010a)。

第一步，通过尽可能减少湿性大气贡献，估计目标高程误差和变形趋势。这一过程通过分析相邻目标相干性来实现。幅度法可用于初始 PS 候选点（PS Candidates，PSC）选择(Ferretti et al.，2001)。然后创建相邻 PSC 的连接集合（PSC 的空间拓扑图形），如 Delauney 网络。对每一条连线时间相位系列，反向搜索出高程增量和形变速率增量。残余相位的方差可用于定量评估高程增量和形变速率增量求解结果。残余相位包括相位噪声和相邻目标点之间微弱大气变化。

算法的第二步是对增量大气贡献，通过干涉组合的空间拓扑图形进行积分。其技术难点是对残余相位进行空间解缠。PSC 连接所构建的空间拓扑图形包含了多余观测（每个 PSC 有许多连接），解缠参数模型形成超定方程，便于利用最小二乘法求解。空间解缠结果对应分析区域每个干涉图稀疏分布大气延迟相位估计，称为大气相位屏（APS）。

算法的第三步先对 APS 按照规则网格进行重采样，然后将 APS 转化为差分水汽值。重采样可使用 Kriging 方法，它考虑了空间数据距离，利用原始点观测值采样、拟合获取规则网格 APS。利用本地入射角的映射函数，双向雷达视线向 APS 相位，获取两个时刻下天顶延迟差异；然后再由本地线性比例因子换算成差分水汽，如式(5.8)所示。

尽管 APS 及水汽产品随着 PS-InSAR 技术发展其可靠性不断提高，SAR 水汽的深入运用仍有不少限制，主要包括：①大气水汽的信号分解仍不完全。虽然 90% 的观测信号是水汽，其他因素仍对该部分水汽造成误差。②干涉技术获取的大气水汽信号，反映大气相对时空差异，不能直接解释或同绝对观测值比较和融合。因此，利用 PS-InSAR 技术反演水汽尚在初级阶段。

5.1.2　水汽观测值

1. 水汽概述

水汽是在大气混合体中以气态存在的水。水汽是水在水圈的状态之一，这种状态可以随环境变化而改变。水汽主要由湿气压和大气温度决定。大气中最大水汽百分比及饱和水汽压，取决于大气的物理温度。水汽的浓度表现出区域性，在寒冷的沙漠地区非常低，接近于零；而在热带海洋区域，可以高达约 4%。

可降大气水汽(PWV)是单位柱状大气中所含水蒸气,其量度为当全部转化为降雨时,液态水的高度。PWV的单位一般为毫米或克每平方厘米。观测和反演地球大气中PWV对气候研究,中尺度气象学,数值天气预报和卫星大地测量和定量遥感技术均极为重要。干涉合成孔径雷达技术,如上节所述,水汽在时空尺度上的迅速变化几乎主导了InSAR大气影响及观测误差。

从原理上讲,测量PWV可分为两种方式:直接或遥感方式。直接方式使用电子传感器、湿度计或吸湿材料,测量物理属性的变化或者吸水材料的尺寸变化。遥感方式,使用大气层之上的主动或被动卫星传感器,通过电磁波对传感器发射或地表辐射的信号在不同波段的吸收率来反演PWV。PWV测量的平台包括:地面观测、高空探测和航天卫星遥感反演。目前典型的测量方法,以及这些方法观测和反演PWV的特性,在下面各个小节中将作归纳。

2. GPS气象学

全球定位系统(global positioning system,GPS),利用精确的星地间距离/相位观测值,可准确反演卫星轨道参数、大地测量物理量、大气电离层和水汽参数,现已广泛用于定轨、定位导航、气象以及授时等领域。在特定观测模式下,利用双频双码接收机,其定位精度可达到毫米级,测速精度0.1mm/s,授时精度0.1ns。

同雷达干涉测量技术一样,GPS信号在穿过大气层时也受大气折射(包括对流层和电离层)影响而产生距离延迟。当干延迟分量被准确模型化并补偿电离层延迟误差之后,这种传播延迟可以用来反演天顶湿延迟分量。给定本地线性变换因子,天顶湿延迟可以进一步转换成可降水汽观测值。这一技术被称为GPS气象学(Bevis et al.,1992,1994)。GPS气象学反演的水汽在水文学、气象预报、水汽改正模型中具有重要运用。

Bevis首先提出了GPS气象学,研究声称从GPS观测值计算的天顶总延迟ZTD减去天顶干延迟部分(大气压模型),可以获得剩余的天顶湿延迟(Bevis et al.,1992)。随后一系列系统和监测结果在海外和国内得到运用(Song,2006)。利用城市级区域GPS连续观测参考站系统(continuously operation reference station,CORS),GPS气象监测系统可提供实时PWV,半小时时间分辨率和1~2mm精度(Dodson and Baker,1998)。

3. 光谱辐射计红外水汽

Chaboureau等(1998)提出卫星计划监测大气水汽,包括TIROS(television and infrared operational satellite),TOVS(operational vertical sounder)以及SSM/I(special sensor microwave/Imager)。后来发展起来的MERIS(medium resolution imaging spectrometer)以及NASA MODIS(moderate resolution imaging spectro-radiometer)成为观测大气水汽的重要传感器。

中等分辨率成像光谱仪(MODIS)分别搭载在Terra卫星(EOS上午星,美国国家航空航天局于1999年发射)和Aqua卫星(EOS下午星,2002年发射)。MODIS仪器是被动成像光谱辐射计,捕获36个波段信号,波长范围自0.4~14.4μm,三种空间分辨率(2个波段在250m,5个波段为500m和29个波段为1km)。MODIS重复时间周期为1~2

天，具有数千千米的覆盖范围，因而 MODIS 在大型全球大气动力学研究方面具有较大优势，包括云层覆盖、辐射收支、水汽反演和气溶胶监测等。

在所有 36 个波段中，中心波长为 $0.940\mu m$，$0.936\mu m$，$0.905\mu m$ 的通道对大气水汽非常敏感。以上三个波段，在不同的情形下可以有针对性考虑，例如，$0.936\mu m$ 适合于干燥条件、$0.905\mu m$ 适合于潮湿条件或低的太阳高度角(Li et al.，2006)。最终的 PWV 由各个波段探测的水汽平均而获得，如下式所示的模型(Gao and Kaufman，1998)：

$$PWV = f_1 W_1 + f_2 W_2 + f_3 W_3 \tag{5.14}$$

式中，W_i 为每一个波段的水汽值；f_i 为对应的权重函数，取决于每个水汽波段对辐射传输的敏感性。

MODIS 产品中，MOD_05_L2 和 MOD_07_L2 产品分别包含近红外 PWV 和红外的 PWV 信息。使用近红外算法，可获取 1km×1km 分辨率白天近红外水汽 2 级数据。而在一定视域无云的条件下，用红外算法可以获得 5km×5km 分辨率白天及夜晚红外水汽 2 级数据。在实践中，近红外 PWV 由于较高的分辨率和精度，更具有优势。而红外 PWV 仍然可以对近红外 PWV 提供协助，如云覆盖信息。

据 Gao 和 Kaufman(2003)研究，MODIS-PWV 精度为 5%～10%。他们在结论中给出：近红外水汽中在通常条件下的误差精度为 5%～10%，在有雾条件下相对 PWV 的精度可达 14%。在水域，大气中水汽总量的估计精度，被认为少于 20%(Fischer and Bennartz，1997)。

MERIS(中分辨率成像光谱仪)是欧洲环境卫星的一颗光学传感器。MERIS 影像是大气监测和大气参数提取的一个重要工具。传感器包括 15 个可见光和近红外区域的光谱波段的电磁频谱。这些影像的最重要的功能之一是估计集成水汽。在地球到传感器视线方向，利用第 14 波段 $0.885\mu m$ 和水汽吸收波段 $0.900\mu m$(波段 15)的二次模型来估计总水汽含量(Fischer and Bennartz，1997)。估算获得的集成水汽含量，作为 MERIS 二级数据，由 MERIS 产品发布(ESA，2006)。

$$PWV = k_0 + k_1 \log\left(\frac{L_{15}}{L_{14}}\right) + k_2 \log^2\left(\frac{L_{15}}{L_{14}}\right) \tag{5.15}$$

式中，PWV 为集成水汽；L_{15} 和 L_{14} 分别为 15 和 14 波段的辐射率；k_i 为常系数，可利用辐射传输模型及观测方程，反推求估。

MERIS 水汽产品提供两个空间尺度：300m 全分辨率(FR)和 1200m 降分辨率数据(RR)的 PWV(ESA，2006)。水汽产品数据集包括地理信息、云层掩膜和类型、列集成水汽和其他辅助信息。在无云条件下，估计产品的标称精度是相对水汽总含量的 10%，约 1.6mm；在云层上层精度为 1～3mm(Albert et al.，2001；Bennartz and Fischer，2001)。

4. 数值气象模型

数值天气预测是一组计算机程序集，将当前的天气数据输入大气数学模型，并输出在将来认定时间及给定位置(海拔)物理和大气动力学参数。作为非线性复杂系统，该大气数学模型一般用数值计算方法进行求解。针对不同的尺度，通常采用不同的方法。对全球模型而言，水平维采用谱方法，垂直维采用有限差分法；对区域模型而言，在三维方向均采用有限差分方法；细尺度气象模式，一般采用精细网格方法求解（Thompson，1961）。

数值气象模式，需要用观测数据进行初始化，如无线电探空仪、气象卫星和地面的天气观测值。上述观测值通过数据同化和对象分析方法处理，作为预测模型中的起始点。给定当前时刻的大气状态，以及数学微分方程，运用时间步进策略循环预测下一个时间步长的大气状态，直到达到所需的预报的时间。时间步长的选择与网格分辨率有关，从全球尺度下的数十分钟到细区域尺度下的数秒钟（Kalnay，2003）。

MM5 是一个设计为模拟大气环流的非静力中尺度数值预报模式；由美国大气研究中心 NCAR 和宾夕法尼亚州立大学联合开发（Grell et al.，1994）。MM5 有多尺度嵌套模拟的能力，水平纬度上分辨率可以不断增加，垂直维度上可按气压分成不均匀多层大气。MM5 主要输入数据为再分析数据，它们是利用数据同化技术，以一组定期的空间和时间采样所得的气象参数，包括：大气压、温度、湿度等。MM5 其他输入数据包括：土地利用图、高程模型、水陆掩膜、土地分类、植被指数和土壤的温度（Dudhia et al.，2005）。MM5 模式输出产品包括温度 $T(K)$、总气压 $P(mbar)$、水汽混合比 $Q(kg/kg)$ 以及云水混合比 $Q_{Cloud}(kg/kg)$ 等。从水汽混合比剖面线，通过积分可转换成 PWV 可降水汽（Mobasheri et al.，2008）。

5.2 水汽信号成分及分解

这一节介绍水汽的成分模型。在模型中，所观测或反演的水汽被视为四个组成信号的叠加：空间线性趋势、高程分层效应，地物相关的平稳信号和混合湍流。给定该模型的主要目的是为 SAR APS 反演水汽与其他数据比较服务，但它也适用于独立观测获取的水汽数据。基于此，本节我们介绍一种分离四个水汽成分信号的完整方法。在该方法中，空间线性趋势与高程分层的混合利用联合最小二乘估计参数；对于剩下的残余信号（包括地物平稳项和混合湍流信号），建议用时间周期平均法或空间频域滤波法加于区分。本节用数值气象模型 MM5 数据，对上述思路进行了验证。

5.2.1 水汽信号成分

尽管混合湍流与大气高程分层的概念从理论上较早就被提出，并在过去的十年中受到较多的关注。但是对 InSAR 大气影响相关因素，不同的因子及相互关系，仍没有一个全面的了解。主要原因是先前研究目的以去除影响 SAR 干涉图中的大气噪声为主。而利用雷达干涉方法对水汽反演，用于与独立数据比较或气象学研究，其需求就有所不同。此时，空间的线性趋势和地物类型相关的平稳信号项可能混合，使原先的混和湍流和高程分层难于区分。为进一步研究雷达反演的水汽，我们从概念上提出"水汽成分模型"，改善对水汽信号的理解并加以分离与提取。

根据 5.1 节中所综述的 InSAR 大气水汽理论，如果忽略电离层延迟信号和大气静力学的影响，单景 SAR 数据上绝对集成（垂直方向）水汽的表达，可以写成空间坐标的 x 和 y（距离向和方位向）的函数，如下述数学模型（Perissin，2010a）：

$$\alpha_i(x, y) = P_i(x, y) + \varepsilon_i(x, y) + k_i \cdot h(x, y) + w_i z(x, y)$$
$$= \alpha_i + b_i x + c_i y + \varepsilon_i(x, y) + k_i \cdot h(x, y) + w_i z(x, y) \tag{5.16}$$

式中，$\alpha_i(x, y)$为雷达坐标系上空间某点(x, y)及时间i的大气水汽；$P_i(x, y)$为用一阶二维平面模拟的线性趋势项，用$\alpha_i + b_i x + c_i y$表示；它是纬度和经度（或投影后的北和东方向，或 SAR 图像坐标系中的方位向与距离向）的双线性函数；$\varepsilon_i(x, y)$为混和湍流，可视为空间相关的扰动项，其中大部分信号来自大气湍流的过程；$k_i \cdot h(x, y)$是高程分层项，其中k是高程分层比率或斜率；最后一部分$w_i z(x, y)$代表地物类型相关的平稳项，与地物类型相关，如土地覆盖。在这里，w表示地物类型影响的权重。上述模型初衷为分析 SAR 图像反演水汽的不同成分，但也适用于其他空间水汽数据的水汽成分，如 MERIS 水汽影像和数值气象模拟产品。

但考虑到 InSAR 大气影响的机理，观测到的 SAR 干涉图或大气相位屏 APS 所含的大气水汽，其特征为空间和时间上的差分信号。对上面绝对水汽方程，作双差，我们可以获得适用于干涉 SAR 模式下的微分水汽模型，如式(5.17)所示。相比于绝对水汽值，常数项和所有水汽成分的公共（一次）项，在所观测的差分水汽信号中都被抵消。

$$\Delta \alpha_{iM}(x, y) = [\alpha_i(x, y) - \alpha_i(x_0, y_0)] - [\alpha_M(x, y) - \alpha_M(x_0, y_0)]$$
$$= b_{iM} \cdot \Delta x + c_{iM} \cdot \Delta y + \varepsilon_{iM}(\Delta x, \Delta y) \tag{5.17}$$
$$+ \delta k_{iM} \cdot h(\Delta x, \Delta y) + \delta w_{iM} z(\Delta x, \Delta y)$$

给出的式(5.17)是式(5.16)模型的微分形式。但式(5.17)中的水汽成分模型，视为这一章信号成分分析和比较的基础。上述给定模型中的每个成分的物理解释如下所述。

1. 空间线性趋势

雷达水汽在空间上的线性趋势可能由以下一个或多个原因造成：①因为当前卫星的轨道误差（不准确）所引起的系统偏差，比如 ENVISAT 等卫星（Hanssen，2001）；②水汽在比关注的区域更大的空间尺度发生变化；③超过 50km^2 电离层延迟模型残差所表现出的水平线性趋势。去除空间线性趋势，确保水汽作为统计意义上的平稳特性，是结构函数分析（空间变方差函数）以及空间功率谱分析的先决条件。

2. 混合湍流

混合湍流效应源于大气运动的湍流过程。它引起水平方向和垂直方向三维折射率的异质性。它不但对平坦地带，对山区地形也有影响。混合湍流是不同对流层运动过程作用的结果，包括：太阳辐射对地表加热过程引起的大气对流，大气不同气层的风向或风速差异，摩擦阻力和大尺度天气系统（Hanssen，2001）。

3. 高程分层

分层效应是由两个不同时刻，垂直折射率剖线引发的差异，并与地形高度相关。如果没有混合湍流发生，此信号仅影响山地地形区域，这种作用称为垂直高程分层（Hanssen，2001）。大气的分层只考虑折射率沿高程方向，即垂直向的变化。对于丘陵或山区地形，折射率垂直廓线的差异对两个 SAR 时刻不同地形高度的两个分辨率像元产生相位差，这在利用相位测量反演地球物理参数中可导致解译误差。

4. 地物类型相关的平稳水汽项

人类活动所致的土地利用/土地覆盖变化会造成土地地表反照率、植被覆盖和温室气体排放量的变化。数值模拟模型、卫星观测和地面观测已经证明，无论是在全球尺度、陆地板块尺度和区域尺度，这些土地覆盖变化影响大气过程，与土地表面过程及水文过程之间发生相互关系(Song et al.，2010)。通过森林和草地到农田和牧场的转换，人类活动影响了水汽在大气圈和地表之间的相互作用(Twine et al.，2004)。

大气水汽主要来自两个来源：陆地表面水汽的蒸腾作用和从海洋蒸发的水汽的传输。而当其他天气条件相同时，其水汽传输量，即大气水汽含量主要取决于地物表面类型(Song et al.，2010)。所以土地表面特性将在一定程度上影响水汽含量及分布。

尽管由于水汽受多个因素的耦合作用，水汽在区域尺度(在 100km×100km 以内)变化(分布)的内在机制尚不能准确地建模；但已经由多个案例研究证明，地物的类型显著影响着水汽在空间的分布(Song et al.，2010)。据调查经验，通常情况下水体、林地等对水汽含量在整体上存在较大的正相关关系，尽管存在时间滞后。

在此节，我们并非研究地物影响水汽信号的物理机制，也不对这种机制进行数学建模。我们仅仅确定性地采用地物类型相关的水汽信号，并引入水汽组成模型中，它对后面两节的数据比较，以及不同尺度下空间结构分析极为重要。

5.2.2 水汽信号分解

如式(5.17)所示，空间的线性趋势、高程分层，地物平稳项和混合湍流集成于水汽图中。这一节中的研究重点，是探测(并分离)水汽的四个基本信号成分，作为水汽信号成分的能量谱分析的前提研究。

在本实验中运用 MM5 数据来验证水汽成分模型的合理性。MM5 数据具有良好的空间尺度(从 1～129km)和时间尺度(1h 到连续 25h)，可以作为观察水汽信号的良好数据源。

这项实验研究 MM5 综合水汽(IWV)数据来自数值天气预报的模拟产品，如表 5.2 所示。MM5 模式操作和输入输出数据的详细信息，可以参考 NCAR 和宾夕法尼亚大学的官方网站或相关的参考文献(Kistler et al.，1999)。本试验中 MM5 的数据位于以意大利罗马为中心的面积 130km×130km 的区域，如图 5.1(a)所示。本实验共收集了自 2002～2008 年期间 32 天，每天连续 22 幅，总计 775 幅模拟 IWV 水汽图，如图 5.1(b)所示。MM5 水汽图非常适合水汽信号频谱分析，因为它在空间和时间上都有足够的细节展现水汽动态变化特性。利用多层嵌套方式提高空间水平域分辨率，本实验中所采用的水汽图具有 1km 的空间分辨率和 1h 的时间分辨间隔。当每日连续模拟水汽超过 25h，保留该观测日的 MM5 集成水汽数据；否则，放弃该日 MM5 数据。

表 5.2　MM5 获取时间的综合水汽(integrated water vapour, IWV)含量

MM5 IWV 获取时间			
20051001	20070414	20050723	20060127
20081003	20080516	20070623	20050527
20031206	20021116	20070323	20071228
20040807	20041016	20040424	20060429
20040110	20051118	20060825	20080829
20071110	20080920	20081025	20050129
20031010	20021221	20050827	20080329
20070112	20030823	20040227	全部 31 组

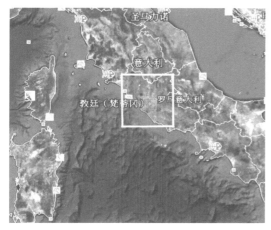

(a) 模拟MM5 IWV在意大利罗马地区的空间位置(如矩形所示)

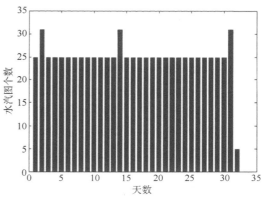

(b) 每日模拟的水汽(每小时)图总数

图 5.1　MM5数据试验区与每日模拟水汽图

值得注意的是，MM5 模拟水汽具有一定局限性，预报的水汽场既取决于数值模型、也取决于初始观测资料或再分析数据。所以在给定时刻、空间位置，要求绝对同步的水汽场还有困难；并且预测的准确性还取决于模型运行的起始时刻和运行的时间跨度(Perissin et al., 2010)。

如前节所述，不管是 SAR APS 反演的水汽，还是其他独立数据，均存在平面上的线性趋势项。不仅水汽图存在空间线性趋势、实验区域的高程也可以存在近似趋势。本实验区 DEM 以及通过 Radon 变换后高程信号在不同角度和距离的强度分部图，如图 5.2 所示。Radon 变换是图像信号投影到不同角度剖线上的工具。利用 Radon 变换，将二维图像映射到一维，对于观察空间信号各向异性或空间趋势极有帮助(Bracewell, 1995; Ding et al., 2008)。在我们的试验中，从图 5.2 看出，以 DEM 数字图像的几何中心为原点，以正东方向为起始方向逆时针旋转，绝大部分强的高程信号位于方向 $-20°\sim$ $+20°$ 距离 $+40\sim+60$km。相反，仅仅微弱信号位于方向 $+40°\sim+90°$，距离 $-40\sim$ -90km。上述数字直接表明，高程相关的水汽高程分层项与空间线性趋势项存在相关性

和信号成分耦合。

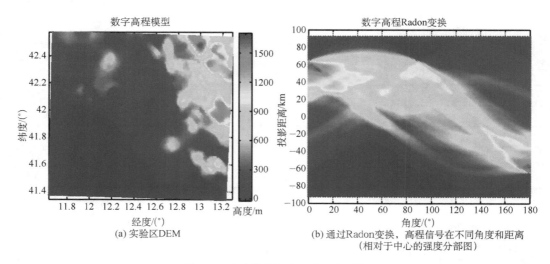

(a) 实验区DEM

(b) 通过Radon变换，高程信号在不同角度和距离
（相对于中心的强度分部图）

图5.2 水汽数据与高程之间相关性

Radon变换的原点位于DEM数字图像的几何中心，角度为逆时针相对于正东方向的夹角（度）

对于实验目标区域，其高程具有空间趋势，在全球许多陆地区域（区域面积大于 $100km \times 100km$）均可使用。在类似情形下，我们必须避免传统的分布式去除方式，而推荐采用联合最小二乘方式估计空间线性趋势参数及高程分层斜率参数。

利用最小二乘法估计上述待求参数的步骤如下：由于混和湍流项及地物相关平稳项，与空间及高程方向无关，在求解空间线性趋势和高程分层时，可以先视为随机噪声，此时水汽成分模型式(5.16)，可以简化改写为式(5.18)所示。

$$\begin{aligned} \alpha_i(x,\ y) &= P_i(x,\ y) + k_i \cdot h(x,\ y) + \varepsilon_i \\ &= a_i + b_i x + c_i y + k_i \cdot h_{(x,\ y)} + \varepsilon_i \end{aligned} \tag{5.18}$$

对于给定的水汽图，空间上全部像素均满足上述方程，式(5.18)改写为矩阵形式，则观测方程如下：

$$\underset{N \times 1}{\boldsymbol{\Phi}} = \underset{N \times 4}{\boldsymbol{A}} \cdot \underset{4 \times 1}{\boldsymbol{X}} + \underset{N \times 1}{\boldsymbol{\varepsilon}}$$

$$\boldsymbol{A} = \begin{bmatrix} 1 & x_1 & y_1 & h_1 \\ 1 & x_2 & y_2 & h_2 \\ \vdots & \vdots & \vdots & \vdots \\ 1 & x_N & y_N & h_N \end{bmatrix} \tag{5.19}$$

$$\boldsymbol{X} = \begin{bmatrix} a & b & c & k \end{bmatrix}^{\mathrm{T}}$$

基于最小二乘平差原理，利用残差平方和最小法则约束解求参数，即 $\boldsymbol{\varepsilon}^{\mathrm{T}} \boldsymbol{\varepsilon} = \min$，待求参数可使用表达式(5.20)唯一确定（视观测值为相等权重）：

$$\boldsymbol{X} = (\boldsymbol{A}^{\mathrm{T}} \cdot \boldsymbol{A})^{-1} \cdot (\boldsymbol{A}^{\mathrm{T}} \cdot \boldsymbol{\Phi}_0) \tag{5.20}$$

未知参数 a，b，c 以及 k 可以通过数值迭代方式获取。空间线性趋势和高程分层成分则可以由上述参数、水汽图空间方位和数字高程模型重建。

图 5.3 所示为 MM5 水汽图利用最小二乘平差方法反演的线性趋势和高程分层项。示例为 2007 年 10 月 10 日 UTC 23 时的 MM5 水汽图：原始水汽信号[图 5.3(a)]、线性趋势项[图 5.3(b)]、高程分层项[图 5.3(c)]，去除线性趋势和高程分层项之后的剩余信号[图 5.3(d)]。

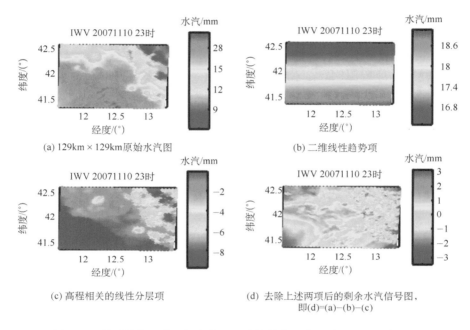

(a) 129km×129km原始水汽图

(b) 二维线性趋势项

(c) 高程相关的线性分层项

(d) 去除上述两项后的剩余水汽信号图，
即(d)=(a)−(b)−(c)

图 5.3　利用最小二乘法提取的空间线性趋势和高程分层 MM5 水汽图

时间为 2007 年 10 月 10 日 UTC 23 时

根据 5.2.1 节，水汽成分模型所述，观测或反演的水汽信号包含四个成分的组成，即空间线性趋势、高程分层、地物相关的平稳项和混合湍流。因此，对于去除水汽信号中的空间线性趋势和高程分层后的残余信号[图 5.3(d)]，可以视为混合湍流和地物相关的平稳项的叠加。为了进一步区分地物平稳水汽项与湍流水汽项，根据本节水汽成分模型理论，首先研究二者统计特性的差异：

（1）空间上：平稳项与区域地物类型相关，如小湖泊、水域、森林或山区阴影，所以此信号的空间尺度同地物类型湿度相关。从经验上来说，这种平稳项的空间尺度小于或等于几十千米。但混合湍流项是随机分布和空间独立的；通常情况下，该项较平稳信号覆盖范围广，对应空间尺度由几十到几千千米。

（2）时间上：上述的天然地物类型，具有较高稳定性，变化周期从几个月到几年。因此平稳信号项的因子信号可以假定不变，每个 IWV 水汽图的信号权重取决于水汽的总强度。相反，混合湍流的驱动力是多因素的复杂效应，包括：太阳辐射加热、温度、大气压力、风、摩擦力、季风等。因此，混合湍流项在时间域快速变化，在少于 3h 内通常保持较高的相关性，然后延拓到 24h 便严重去相关。

平稳项与混合湍流项的上述统计特征可以作为区分这两种信号成分的原则。在本节中，要实现这一目标，设计方法有两种方式：①时间方式：周期平均；②空间方式：频域滤波。在下面小节中将详细介绍这两种技术。

根据以上讨论，基于水汽成分模型，去除高程分层与空间平面趋势项之后，剩余的水汽信号可以视为，混合湍流与地物相关的平稳项二者的混合体。我们利用二者时间上的不同特性，首先介绍时间周期平均方法，区分二者信号。式(5.21)中 $w_i z(x, y)$ 表示平稳项，w_i 为线性系数(或权重)，地物类型 z 在地面位置为 (x, y)。线性系数难以直接估计，因为到目前尚不能可靠确定水汽平稳项与地物类型之间的函数关系。此外，如何将土地覆盖分类变换到具有可比性的标量，仍不易解决。

受到上述两个原因限制，在本节中我们通过统计方法，即使用周期平均法抑制时空迅速变化的湍流信号，将剩余信号在时间维取全局平均，并作为平稳项的因子信号。此因子信号的平稳项为独立变量，可用于确定每个 IWV 映射中的平稳项比例因子(而不是权重)，进而统计恢复每个水汽图中的个别平稳相；具体运算可采用以下方程：

$$\tilde{\alpha_i}(x, y) = w_i z(x, y) + \varepsilon_i(x, y) \tag{5.21}$$

$$\tilde{\alpha_i}(x, y) = \gamma_i \cdot [w_0 z(x, y)] \tag{5.22}$$

在式(5.21)中，$\tilde{\alpha_i}(x, y)$ 为剩余的水汽信号；w_i 为平稳信号项的权重；ε_i 为湍流项。式(5.22)由式(5.21)改写，其中 $w_0 z(x, y)$ 是地物平稳项因子信号；γ_i 为比例因子(不是权重)，$\gamma_i = w_i / w_0$。本实验用周期平均法估计平稳信号项时，采用式(5.22)。实际操作处理分四个步骤。

1. 水汽图的日平均

首先对水汽图中剩余信号在 24h 内，作日平均。图 5.4 所示为 8 个随机日期的剩余水汽信号(去除线性趋势和高程分层)的日内平均。从 8 个子图中看出，湍流信号在每日的 24h 平均之后，基本被限制和消除，但在个别日期如 20070414，20041016 仍可有一定的湍流信号。

2. 日水汽图的全局平均

每日平均的水汽图在所有数据日期上作全局平均，进一步限制水汽图中的湍流信号。图 5.4 最后一个放大子图所示。由于全局平均的时间跨度为数年，此全局平均水汽地图，可以视为仅仅含地物相关的平稳项。

3. 反求地物平稳项比例因子

做全局平均后，其水汽信号可以看作地物平稳信号的因子信号，如式(5.22)中的 $w_0 z(x, y)$。然后用此因子信号作为函数自变量，对每幅(小时)IWV 的剩余信号进行线性回归，获得每幅(小时)地物相关平稳信号的线性比例因子。

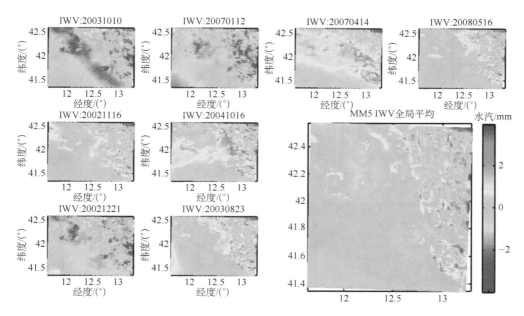

图 5.4　随机 8 个日期去除空间线性趋势和高程分层后的 IWV 水汽剩余信号每日 24 小时平均图
对 IWV 每日平均水汽图，作全局 32 日间取平均，获取结果位于最后一张子图

4. 恢复地物相关平稳项和湍流项

继续上步，每个 IWV 水汽图的独立平稳信号可以用其因子信号和（线性回归的）比例因子进行重建。从剩余水汽信号中减去平稳信号项后可得混合湍流项。图 5.5 显示按照时间周期平均方法分离的地物相关平稳信号及湍流信号。水汽图给出了 20051001 连续三个小时的例子。

除了上述方法之外，本节还提供了另一种方法来区分剩余水汽信号中的平稳项与混合湍流项。平稳项及湍流项在不同空间尺度的特性不同。如果我们将空间信号变换成频率信息，并通过空间频率阈值进行低通/高通频域滤波，则可以达到区分两者目的。

平稳信号和湍流信号在不同的尺度上强弱明显不同。根据多组水汽频谱信号强度图，我们发现，功率强度超过 10^6 信号主要存在于空间尺度大于 16km（即小于 8 波数/129km）；功率强度超过 10^5 信号主要存在于空间尺度大于 8km（即小于 16 波数/129km）。利用信号空间频谱图，选择经验值 16km（8 波数/129km）作为空间尺度阈值，利用带通滤波器区分水汽湍流信号和平稳信号，如图 5.6 所示。

将空间频域滤波方法（图 5.6）和时间周期平均方法（图 5.5）作比较，发现：首先，IWV 水汽图从两个独立方法提取的混合湍流项空间分布几乎一致。其次，从空间频域滤波方法估计的混合湍流水汽信号稍微被低估；地物相关平稳信号的估计存在较为显著的误差。最后，空间频谱滤波方法对 IWV 水汽图处理存在边界效应，推测这可能是由空间-频域信号变换引入的。

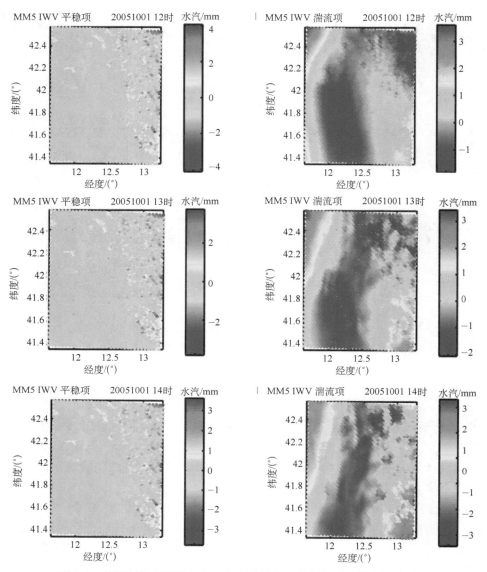

图 5.5　按照时间周期平均方法分离的地物相关平稳项和混合湍流项
水汽图为 20051001 日期的连续三小时的结果

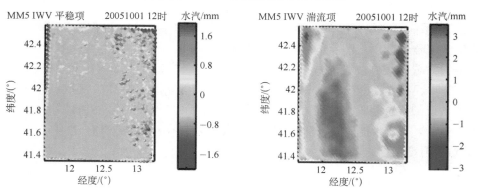

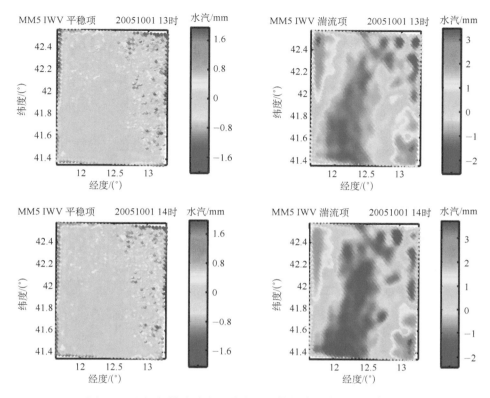

图 5.6　空间频域滤波方法分离的地物相关平稳项和混合湍流项

水汽图日期和时刻系列与图 5.5 相同

5.3　InSAR 与 GPS 比较分析

在这一节，我们提出了 GPS 大气延迟与 SAR 大气相位屏（APS）比较方法，包括：差分和伪绝对模式。以意大利科莫（Como）地区为试验区，对获取的 ENVISAT ASAR 大气相位屏（APS）和同步 GPS 测量进行一致性分析。高程分层斜率，在去除"头效应"（由于混合湍流影响）和"尾效应"（过小样本数）后，可从分组 APS 进行提取。最后，根据上述分层效应分析，对大气高程分层项和混合湍流项，利用 SAR APS 和 GPS 两种属性数据，在差分模式下进行了详细比较、分析。

5.3.1　比较方法论

为了定量分析 GPS 所观测的大气延迟与 InSAR 对应观测量之间的一致性，在本节我们设计了 GPS 天顶延迟与 SAR 大气相位的比较实验。实验所收集的数据为 META-WAVE 项目的一部分，受欧洲空间局资助。实验所采用的 SAR 时间序列数据和 GPS 观测值，位于意大利北部伦巴第（Lombardy）城市的科莫（Como）地区。

在实验中,SAR 时间序列叠加图像位于意大利北部 Como 地区。ENVISAT ASAR 图像包括两个 Track,即升轨 487(38 景)和降轨 480(28 景),时间跨度为 2003~2008 年。每个轨道空间覆盖及两轨道重叠覆盖,如图 5.7 所示;数据采集日期,如图 5.8 所示。其中,20070715 图像作为 PS-InSAR 分析的主影像。在这个实验中,通过 SAR 长时间系列数据,利用经典 PS 技术,估计每景 SAR 数据对应的大气相位屏(APS)(Ferretti et al.,2001),并由 Perissin 博士开发的 MATLAB 工具 SARProz 实现。两个 SAR 轨道 APS 分开独立处理。

GPS 数据采集于 Como 地区的 GPS 观测网络,图 5.7(a)黑色矩形框所示,是一个面积比 SAR 数据覆盖范围小的本地 GPS 网络。图 5.7(b)绘出了 GPS 站点位置和分布。GPS 数据采集时间为六天,其中与 SAR 观测时间同步用黑色圆圈标识,如图 5.8 所示。对于运行良好的 GPS 测站,通过每 5min 采样的 GPS 相位观测值和 IGS 精密轨道,基于线性分段模型反演每小时 GPS 天顶延迟误差。GPS 数据处理采用软件为 BERNESE。

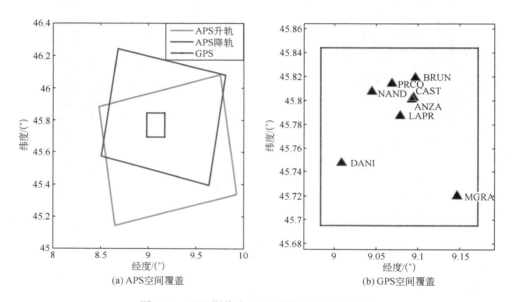

图 5.7　SAR 影像和 GPS 测站的空间覆盖图

(a)图:红色和蓝色矩形框分别为 SAR 上轨和下轨观测空间覆盖,黑色矩形表示 GPS 观测网覆盖范围。

(b)图:意大利 Como 地区 GPS 测站的位置,如黑色三角形标识

要比较 GPS 与 SAR APS,测试大气信号的相关性,需要对两者数据进行同步化,以实现时间和空间维的可对比性。InSAR 技术获取的 APS 为相对于主影像的差分量;其他技术(如微波辐射计、无线电探空仪、GPS、MERIS,MM5 等)估计的水汽均为绝对测量值。这种特征的差异阻碍了 SAR APS 同 GPS 绝对水汽的直接比较。

在这一节中,我们首先将 GPS 延迟转换为差分量或将 SAR APS 恢复到水汽绝对值进行比较,包括差分模式和伪绝对模式。差分模式需要从原始 GPS 延迟中减去主影像对应时刻 GPS ZTD。而 APS 本身就是差分量,因此不需差分操作。然而,如果 PS-InSAR 反演获取的主影像 APS 同 GPS 数据系列不重叠,则需要对 APS 进行 GPS 同步差分处理。同步差分操作抵消了原始主影像时刻的未知大气延迟,使得 GPS 与 SAR APS

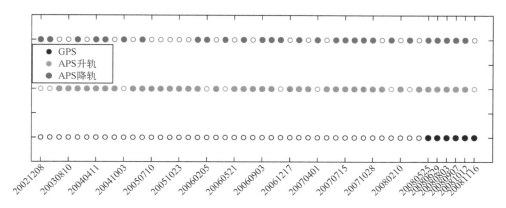

图 5.8　ENVISAT ASAR 影像的时间序列和 GPS 数据采集日期

实心圆圈表示同步数据上列出的日期都可用。黑色、红色和蓝色分别代表 GPS 数据、
升轨 SAR 和降轨 SAR 数据集

观测值具有相同参考基准。绝对比较是从 GPS 时间序列估计 InSAR 主影像时刻的延迟，然后对所有 SAR APS 弥补估计的主影像时刻大气延迟，从而可进行 SAR APS 和相同时刻 GPS ZTD 在绝对观测值上的比较。由于现实很难真正从 GPS 时间序列获得主影像时刻大气延迟，因而只能近似代替，又称为伪绝对模式的比较。

5.3.2　比较结果

在差分比较模式下，我们首先将绝对 GPS 延迟转换成在时间和空间维的差分数据，然后同 SAR APS 作比较。实验中采用随机配对的原则，分别对两个轨道数据产生了 10 幅差分 APS。在差分模式下，我们先比较高程分层比率；接着再比较大气总延迟和湍流延迟。

1．高程分层比率比较

首先对 APS 按照不同的高程进行分组，然后应用水汽信号模型，提取仅受高程影响的高程分层信息。在差分模式下，我们比较两组数据的高程分层效应。

图 5.9 的拟合直线表征大气延迟同地表高程相关。从图 5.9、图 5.10 及表 5.3 给出的统计数字可发现：APS 和 GPS 的高程分层效应非常接近；两个数据集所估计的高程分层比率，相关系数超过 0.7，同时升轨比降轨有更好的相关性；升轨模式，SAR APS 和 GPS 延迟高程分层比率，对应偏差和标准偏差分别为 3.4 和 7.7，比降轨数据（6.1 和 13.9）要低得多。

表 5.3　从 GPS 延迟和 SAR APS 估计的高程分层比率统计表

（单位：mm/km）

APS/GPS	相关系数	偏差	比较的标准偏差	比率	截距
升轨	0.81	3.39	7.73	0.76	−5.29
降轨	0.74	−6.11	13.92	0.96	5.73

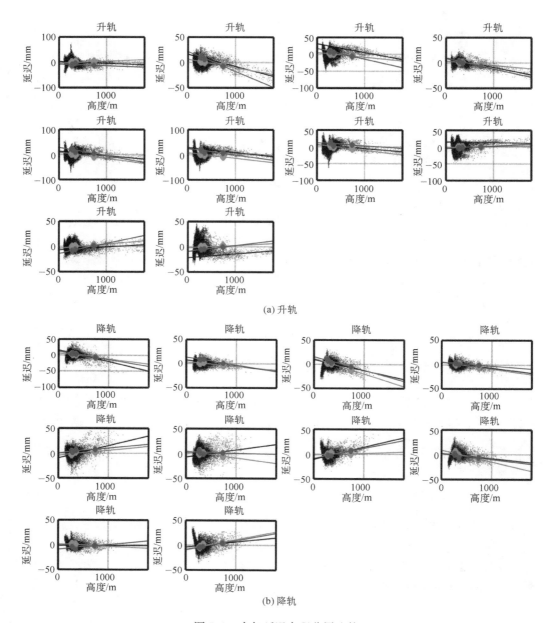

(a) 升轨

(b) 降轨

图 5.9 大气延迟高程分层比较

在这两子图中，黑色表示原始 SAR APS 采样点，蓝色表示插值到 GPS 站位置 APS 采样点，而 GPS 站所观测的大气延迟用红色表示。线性回归拟合所对应的直线，分别表示估计的高程分层比率

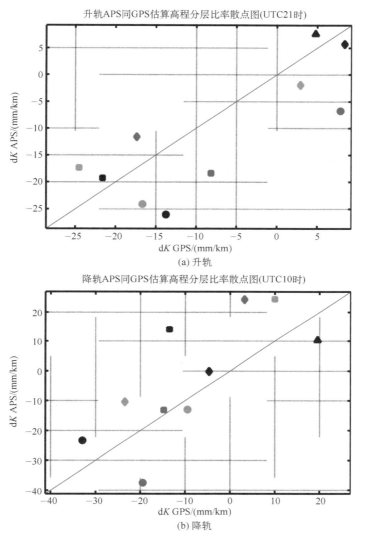

图 5.10　利用原始 GPS ZWD 和原始 SAR APS 估计的高程分层比率相关散点图

2. 大气延迟比较

　　大气延迟比较包括总延迟、湍流延迟比较两部分。根据模型的假设，去除掉空间线性趋势以及高程分层延迟后，残余延迟误差以湍流效应为主导，因而可把剩余信号近似为湍流延迟。总延迟比较结果，如图 5.11 所示。在图中，我们把每个日期差分处理，然后对所有采样点累积，计算获取具有统计意义的全局指标，包括 APS 延迟对 GPS 延迟的斜率、GPS 本身标准偏差、SAR APS 本身标准偏差、GPS 与 APS 两者之间比较标准偏差及相关系数，如表 5.4 所示。

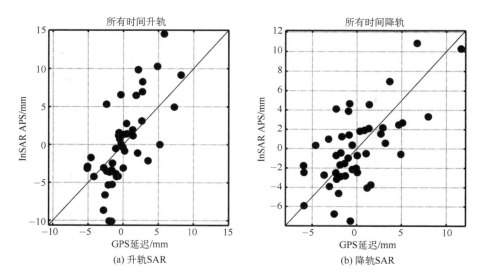

图 5.11 差分比较模式下，所有时间对上 GPS 和 SAR APS 天顶大气延迟（总延迟）比较散点图

表 5.4 差分比较模式下 GPS 与 SAR APS 大气延迟全局统计量 （单位：mm）

大气延迟相位 (10Pairs)	升轨					降轨				
	GPS 标准差	APS 标准差	标准差差分	相关系数	斜率 (APS v. GPS)	GPS 标准差	APS 标准差	标准差差分	相关系数	斜率 (APS v. GPS)
综合延迟	3.02	5.44	3.99	0.69	1.25	3.58	3.86	3.16	0.64	0.69
湍流延迟和高度分层项	3.02	4.99	3.09	0.81	1.34	3.58	3.62	2.99	0.66	0.66
湍流延迟	1.39	2.95	2.60	0.47	0.99	1.71	2.12	2.94	−0.16	−0.20

从图 5.11 散点图和表 5.4 统计指标中，我们发现以下规律：

(1)在表 5.4 第一行中，去除各自空间平均值，在差分模式下 GPS 延迟和 SAR APS 相一致，两个数据系列相互比较的标准偏差小于 4mm，相关系数高于 0.6。

(2)在表 5.4 第二行中，从原始的 APS 中去掉空间的线性趋势后，剩余成分(混合湍流和高程分层延迟)两个数据集吻合性略高于原始值，且相关系数更高，相互比较的标准偏差较小。

(3)如表 5.4 第三行所示，在同时去除线性趋势和高程分层项后，对估算的大气湍流延迟信号，GPS 和 SAR APS 间相关系数下降为 0.5 附近，然而两者之间比较的标准偏差进一步减小，小于 3mm。

上述差分模式比较实验可以小结如下：通常情况下，GPS 延迟与 SAR APS 大气延迟能保持良好一致性。对原始总延迟(或只包括高程分层与混合湍流)，GPS 延迟的中误差(离散度)小于 APS 本身。利用 GPS 天顶延迟，通过简单的求差操作，APS 大气噪声可以在一定程度上降低。应用假设模型，估计的 GPS 湍流延迟仍可用于减轻 APS 本身湍流信号噪声，并在 SAR 升序轨道的标准偏差的变化上得到初步验证，即为 APS 本身湍流延迟的标准偏差为 2.95mm，而 GPS 与 APS 两者湍流信号比较的标准偏差则下降为 2.60mm。

5.4　InSAR 反演水汽与同步资料比较分析

为了更好地认识水汽的空间变化特征，我们利用 MERIS 图像，MM5 模拟水汽产品和 InSAR 反演的水汽数据，分析水汽组成成分的空间随机特性，重点关注高程分层和混合湍流。空间和时间上重叠的同步数据采用差分比较模式，并给出了三种数据源对应的各向同性变异函数和旋转一维功率谱。

5.4.1　多源水汽数据

本实验收集了位于意大利罗马地区 25 幅 MERIS 水汽图像、31 天(每日超过 24h)MM5 模拟水汽图像，27 幅 Track 351 ENVISAT ASAR 大气相位屏(APS)转换的水汽图，这些数据由欧洲空间局资助的 METAWAVE 项目支持。

本实验中的 MERIS 水汽为 ENVISAT 卫星 MERIS 传感器的 2 级产品(ESA，2006)，具有全分辨率(FR)模式 360m×250m 空间分辨率，其标称精度为 10% 的相对水汽含量，在无云覆盖区约 1.6mm(Albert et al.，2001；Bennartz and Fischer，2001)。水域和云覆盖(每景影像不同)已从 MERIS 水汽图用掩膜去除。图 5.12 和图 5.13 分别为 MERIS 数据的空间覆盖和时间范围。在共计 25 景 MERIS 图像中，去除云覆盖后，可做水汽分析采样值下降。在本试验中根据经验值，选择大于 40 000 个有效采样作为有效 MERIS 影像，并与其他数据做比较分析。

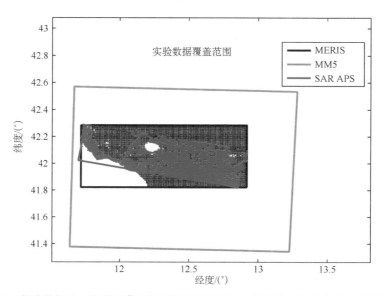

图 5.12　实验数据的空间范围[包括 MERIS(黑色)，MM5(红色)和 SAR APS(蓝色)]
实验区位于意大利罗马

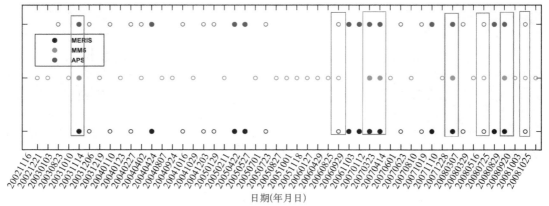

图 5.13　实验数据时间序列及范围[包括：MERIS(黑色)，MM5(红色)和 SAR APS(蓝色)]

空心圆圈表示各类数据对应观测日期，并在横坐标轴上列出。实心圆圈表示可用采样(掩膜后)达到 40 000 像素的 MERIS 数据，以及与这组 MERIS 时间同步的 MM5 和 SAR APS

实验中 MM5 综合水汽(IWV)数据来自数值天气预报的模拟产品。MM5 的数据位于以意大利罗马为中心的面积 130km×130km 区域，如图 5.12 所示。本实验共收集了 2002～2008 年期间 32 天，每天连续 22 幅，总计 775 幅模拟 IWV 水汽图，如图 5.13 所示。MM5 水汽图非常适合水汽信号频谱分析，因为它在空间和时间上都能表征水汽的动态变化信息。利用多层嵌套方式提高空间水平域分辨率，实验中所采用的水汽图具有 1km 空间分辨率和 1h 时间采样间隔。

实验中 ENVISAT ASAR 图像来自 ESA，为降轨 351 数据。图 5.12 所示为该轨 ASAR 空间覆盖范围。选用 2003～2008 年间共 27 景图像作干涉分析并提取大气相位屏(APS)。每景 SAR 图像 APS 利用 Matlab 工具 SAR PROZ 中的 PS 算法估计获取。如前所述，APS 是一个在时间、空间上差分值，并且在低相干地区，如水体、植被和森林地区，容易形成空白采样，无法反演大气水汽信号。

图 5.12 所示为 MERIS 水汽图像(黑色)、MM5 模拟水汽图(红色)和 SAR APS(蓝色)三种数据在本实验区意大利罗马的空间覆盖范围。图 5.13 为三种数据时间序列及范围图。从图 5.13 发现共有八个同步观测日期，然而考虑到其中三个日期(20060825，20080516，20081013)MERIS 受云层覆盖，可用性极低，因此仅选取 5 个同步日期(20031010，20070112，20070323，20071228 和 20080829)的数据作为同步比较及分析的数据样本。

5.4.2　数 据 同 步

如 5.2 节所述的水汽成分模型，大气水汽在 SAR APS 上可以视为四个组成成分的叠加：空间线性平面、高程分层、混合湍流和地物特征相关项。PS-InSAR 获取的大气相位屏(APS)同其他观测数据参考基准不同，因此首先需要对它们进行同步处理。

这一节，我们仍然采用差分模式比较法。由于 PS-InSAR 原始主影像与 MM5 及 MER-IS 序列不同步，因而除了对外部数据(MM5 和 MERIS 观测)进行配对并作差分处理外，还需要对 SAR APS 水汽根据配对情况做进一步差分，完成对所有数据的时间同步。

为了让 MERIS，MM5 数据与 SAR APS 反演的水汽数据(空间、时间和属性上)完全同步，除了时间基准统一，还需其他操作处理：①SAR APS 到 IWV 的转换。利用入射角的映射函数将雷达在双向视线向的相位延迟转换到垂直向可降水汽含量 IWV。②对SAR APS 的地理标定，使得所有数据具有相同的投影。③在进行结构函数分析或谱分析前，估计并去除空间线性趋势。④由于 SAR APS 在空间上为差分信号，为了保持一致，对 MERIS 和 MM5 水汽须进一步去除空间偏差（用中值代替），进而仅关注和分析时间、空间变化的不均一性。

在空间上，为了保持待分析数据具有相同空间坐标系，我们首先利用 APS 空间范围，对 MM5 和 MERIS 图像进行裁剪，并把它们重新采样到 APS 样本空间。为保持谱分析和空间分析采样点均匀，孤立的 APS 采样群被剔除。

对于 MM5，MERIS，使用最近邻像元插值，将原来的低分辨率（如 1km）数据重新采样到数十至数百米高分辨率。如图 5.12 所示，MM5 和 MERIS 完全包含 SAR APS 范围，重采样时无需外推。插值获取的所有非空像元值均参与变差函数计算。在做空间谱分析前，先预定一个矩形网格（APS 采样空间范围，0.2km 间距）。对网格上每个格点，以最大距离 1.2km 为阈值，从稀疏 APS 采样点（重采样后 MERIS 和 MM5 同 APS 坐标系统相同）进行 Delaunay 三角形搜索；然后利用搜索获取的最近 Delaunay 三角形，采用线性内插法对每个格点进行内插计算。

在时刻上，SAR APS 降轨 351 轨道数据在罗马实验区的采集时间为 UTC 09：28。MERIS 传感器与 ASAR 搭载在同一平台 ENVISAT 上，其水汽图像便与 ASAR 数据采样时间完全同步。模拟的 MM5 水汽图像从 UTC 00：00 到 24：00，具有 1h 分辨率。在实际处理中，我们将 MM5 水汽数据的 UTC 09：00 与 10：00 作平均，替代 UTC 09：30，然后再同 MERIS，APS 作比较。

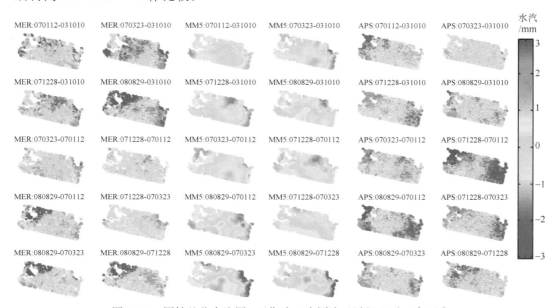

图 5.14　原始差分水汽图，日期为 5 个同步日随机配对组合而成

前两列子图代表 MERIS 水汽；第三、四两列子图代表 MM5 水汽；第五、六两列代表 SAR APS 提取的水汽。每组 10 个差分水汽子图均按列方向排序。便于比对，MERIS 和 MM5 每个子图的均值被去除，水汽数值变化被投影到 ±3.0mm 的色标上

图 5.14 给出了三种数据时间和空间同步后的原始差分水汽图。从图中发现，MER-IS 和 MM5 具有类似的空间格局，而 SAR APS 水汽则具有较强的空间线性趋势和细尺度空间抖动。

图 5.15 为去除空间线性趋势后的三种同步数据差分水汽图。从图中发现，MM5 水汽变化缓慢平稳，MERIS 和 APS 获取的水汽呈现类似变化规律(强度扰动，即图像粗糙度)。就总体案例而言，三种水汽数据的整体空间格局具有一定相关性，其细节差异将在下面小节中利用空间分析和谱分析法进行详细阐述。

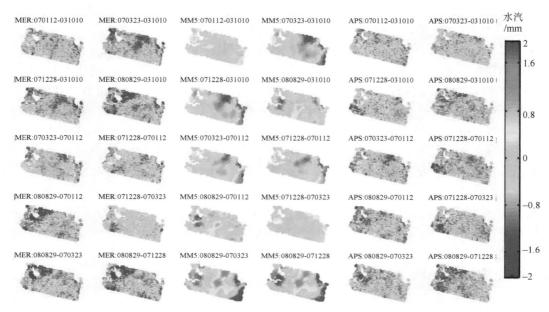

图 5.15　去除空间线性趋势后的差分水汽图
差分对和子图排列与图 5.14 相同。方便对比和可视化，水汽的变化已映射到±2.0mm

5.4.3　空间分析

基于简化的各向同性假设，我们对不同水汽数据作全方向分析。全方向指，首先计算二维功率谱和变异函数，接着将它们平均到方向无关的一维曲线，即在各个旋转角度上作平均。在此，我们给出了 MERIS，MM5 和 SAR APS 三种面状水汽数据的空间变异和结构函数。为同步展示不同数据的空间随机特性，我们采用已作时间、空间同步的水汽数据进行统计分析。图 5.16 描述了去除空间线性趋势后的差分水汽数据空间变异函数曲线。该曲线表征基于各向同性假设下的各个方向变异函数平均值。空间线性趋势的去除能避免系统误差，使水汽信号在统计上满足平稳性。

如前所述，为了推求水汽空间谱，对所有数据集从原始稀疏水汽图内插获取具有 0.2km 分辨率的规则格网。对于 MERIS，MM5 和 SAR APS 水汽，利用傅里叶变换将空间水汽数据转换到空间频率域(波数/km)，然后将频率域二维功率谱平均到一维功率谱密度。图 5.17 描绘了所有三个数据源的功率谱密度曲线，参考水汽功率谱斜率－5/3

（Hanssen，2001）在图中一并给出。

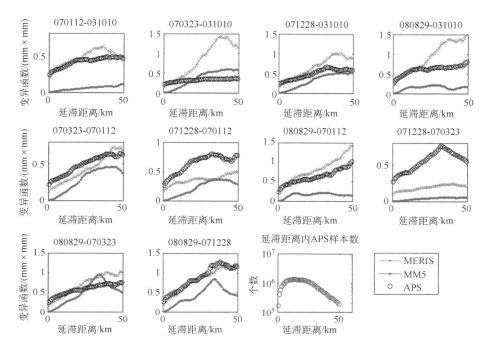

图 5.16　三个数据集去除空间线性趋势后的差分水汽变异函数曲线

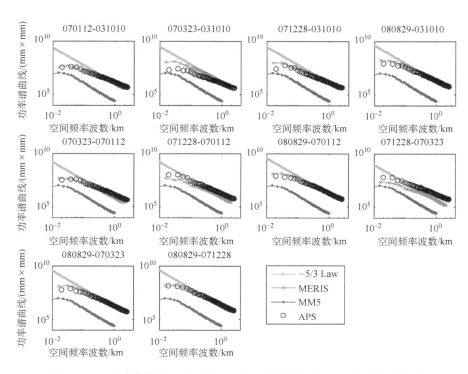

图 5.17　三个数据集的差分水汽（去除空间线性趋势后）一维功率谱曲线

去除空间线性趋势后，我们获得了如图 5.16 所示的变异函数曲线和图 5.17 所示的功率谱曲线。从三个数据集的 10 组差分水汽的样本数据，发现下述统计规律：

(1)去除空间线性趋势后，对大多数样本，MERIS 的各向同性变异函数与 SAR APS 十分接近。MERIS 与 MM5 变异函数曲线具有较好的一致性，而 MERIS 和 APS 之间存在较小差异。

(2)去除空间线性趋势后，所有三种数据差分水汽的半方差，在空间上从 $0.5 \sim 1.5\text{mm}^2$。水汽半方差的数量级对水汽研究的影响不大，但如果转化成大气延迟($20 \sim 50\text{mm}^2$)则便不能忽略。

(3)相比其他两种数据，MM5 水汽显出较低的变异函数曲线，具有最小的块金效应和最小的基台值。这意味着 MM5 水汽的变化较为平滑(MM5 模拟水汽的原始水平分辨率为 1km)。相对于 MM5，MERIS 和 SAR APS 水汽数据在细尺度上提供了细节信息。这一特性对(区域)细尺度气象应用或大气研究具有较大意义。

(4)MERIS 水汽提取的功率谱曲线与 SAR APS 高度一致。相反，MM5 功率谱曲线低于 SAR APS。MERIS 和 SAR APS 的水汽信号功率谱有更宽的光谱窗口，其空间尺度可以细分到 1km。此外，图 5.17 提供的功率谱信息也侧面支持了图 5.15 变异函数的变化特征。一般情况下，MM5 功率谱曲线符合 Kolmogorov 湍流理论参考指数(谱密度斜率为 $-5/3$)，而 MERIS 和 SAR APS 水汽数据的谱密度斜率(约为 -1.6)，低于 Kolmogorov 湍流理论参考指数。

5.5　SAR 干涉气象学

SAR 干涉气象学，与 InSAR 大气噪声消除的思路正好相反，是利用 InSAR 的大气信号，来反演大气相关物理参数，为气象观测及预报系统服务。卫星对地表的微波观测值包含了大气延迟信号，这一信号可以用来反演大气参数。自 1992 年 Bevis 提出 GPS 气象学以来，微波传输延迟就陆续被用来提取大气水汽引起的天顶湿延迟，进而反演可降水汽含量 PWV。该方向为当前研究领域的热点之一。本小节将利用 SAR 干涉图的大气信号反演水汽信号，并恢复到绝对模式下的水汽场，用于分析和验证 InSAR 技术未来运用于气象学的潜力和局限性。

按照第 5.1 节所述，我们利用 PS-InSAR 技术，处理 Rome 地区 351 轨道 SAR 数据，获取对应各景数据获取时刻的大气相位屏 APS。作为目标，首先需要将 APS 恢复到绝对模式下；由于 SAR 参考时刻(主影像)水汽无法由 SAR 数据本身提供，这一过程便需要外部数据。因为 MERIS 和 SAR 传感器装载在 ENVISAT 卫星上。MERIS 水汽图像与掩码产品可提供在 SAR 主影像数据时刻丢失的空间水汽信息。采用这一策略，APS 水汽所丢失的时空基准可以部分得到恢复。图 5.18 为 MERIS 在 SAR 主影像时刻提供的可参考水汽信息处理流程及结果。

在 SAR APS 恢复到绝对水汽值模式下之后，将 APS 水汽与 MERIS，MM5 进行伪绝对模式比较。图 5.19 证实了利用原始(主影像同步日期时刻)MERIS 水汽图，将 SAR APS 差分水汽恢复到绝对水汽图的有效性。根据图 5.19，除了日期 20080829 水汽图，其他四个案例水汽变化幅度和空间异性，恢复伪绝对 SAR APS 与 MERIS MM5 水汽之

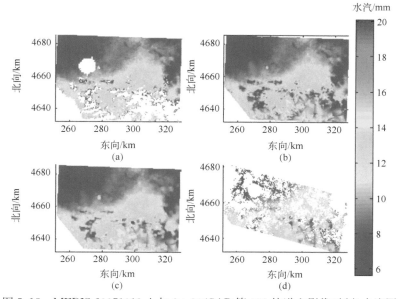

图5.18 MERIS 20071019上午9:30(SAR第351轨道主影像时刻)水汽图

(a)原始MERIS水汽图,云层掩盖区域像元水汽值置为空值NAN;(b)以有效像元作二维线性内插的规则网格水汽
图;(c)对网格水汽图作窗口5×5中值滤波;(d)将滤波后的网格水汽图内插,并重采样到SAR永久散射体空间位置
上,使其与SAR APS空间采样完全相同

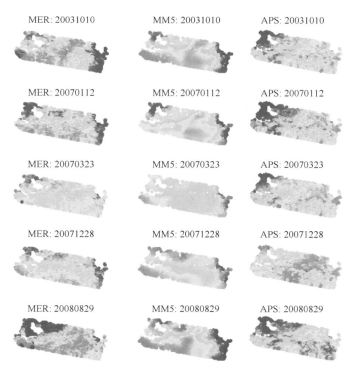

图5.19 三个数据源下绝对模式的同步水汽值

为了使数值具有可比性,对MERIS和MM5进行中值相减,并将变化范围投影到±3mm。

APS水汽范围色标为4~18mm

间有一定相似性或相关性。SAR 与非 SAR 相似性不如 MERIS 与 MM5 高,且从同步水汽图中仍可发现区域空间异构性。本案例证明 SAR APS 水汽图在气象应用领域具有美好的前景。

图 5.20 给出了 MM5,SAR APS 和 MERIS 绝对水汽图中值比较图。MERIS 和 MM5 中值散点图呈正线性相关。恢复到绝对模式下的 APS 中位数并不是真正的中值,它取决于作为 SAR 主影像时刻 MERIS 水汽的平均值。

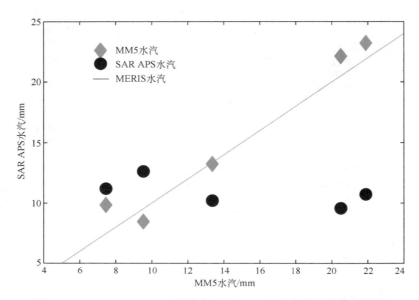

图 5.20　MERIS,MM5 以及恢复后的 APS 绝对水汽图中值比较图

如 5.2 节水汽成分模型所示,从 SAR 差分水汽中丢失的信息不仅包括时间基准,而且还包括空间线性趋势、高程分层和地物相关稳定项的常数项部分。所以 SAR 主影像时刻的外部水汽仍不足以对每景 SAR 影像恢复其真正的绝对水汽数值。更可靠的方法是从其他外部数据(如 MERIS 或数值模拟水汽)来获取 SAR 水汽的常数项(如空间低频率的线性趋势),用于恢复差分 APS 产品中丢失的原始常数项信号。如果试验区高程具有独特空间分布,高程分层效应和空间线性趋势则需要进一步加以反演和校正(如联合最小二乘平差对数字高程模型和混合分层进行建模,以避免混淆误差)。

5.6　小　　结

基于上述分析,本章旨在提供对 InSAR 大气效应的研究见解。本研究首先服务于 InSAR 干涉图大气校正建模提供理论依据和可实施方案。其次,细尺度的水汽分析不仅有利于水文学和区域天气(雨量)预报,而且对未来气象学的应用具有美好前景。

参 考 文 献

Albert P,Bennartz R,Fischer J. 2001. Remote Sensing of Atmospheric Water Vapor from Backscattered Sunlight in Cloudy Atmospheres. Journal of Atmospheric and Oceanic Technology,18(6):865~874

Bean B R, Dutton E J. 1968. Radio Meteorology. New York: Dover Publications

Bennartz R, Fischer J. 2001. Retrieval of column water vapour over land rom backscattered solar radiation using the medium resolution imaging spectrometer. Remote Sensing of Environment, 78: 274~283

Bevis M, Businger S, Chiswell S, et al. 1994. GPS meteorology: mapping zenith wet delays onto precipitable water. Journal of Applied Meteorology, 33(3): 379~386

Bevis M, Businger S, Herring T A, et al. 1992. GPS meteorology: remote sensing of atmospheric water vapor using the global positioning system. Journal of Geophysical Research, 97(D14): 15 787~15 801

Bracewell R N. 1995. Two-Dimensional Imaging. New Jersey: Prentice Hall

Chaboureau J P, Chédin A, Scott N A. 1998. Remote sensing of the vertical distribution of the atmospheric water vapor from the TOVS observations: method and validation. Journal of Geophysical Research, 103 (D8): 8743~8752

Colesanti C, Ferretti A, Prati C, et al. 2003. Monitoring landslides and tectonic motions with the permanent scatterers technique. Engineering Geology, 68(1-2): 3~14

Ding X L, Li Z W, Zhu J J, et al. 2008. Atmospheric effects on InSAR measurements and their mitigations. Sensors, 8: 5426~5448

Dodson A, Baker H C. 1998. The accuracy of GPS water vapour estimation. In: Proceedings of the ION National Technical Meeting, Navigation 2000, Long Beach, California

Dudhia J, Gill D, Manning K, et al. 2005. PSU/NCAR Mesoscale Modeling System Tutorial Class Notes and User's Guide: MM5 Modeling System Version 3. 7

ESA. 2006. MERIS Product Handbook. http: //www. envisat. esa. int/handbooks/meris/[2010-02-08]

Ferretti A, Prati C, Rocca F. 2001. Permanent scatterers in SAR interferometry. IEEE Transactions on Geoscience and Remote Sensing, 39 (1): 8~20

Fischer J, Bennartz R. 1997. ATBD 2. 4 retrieval of total water vapour content from MERIS measurements. Technical Report PO-TN- MEL-GS-0005, ESA

Gao B C, Kaufman Y J. 1998. The MODIS near-infrared water vapor algorithm. Algorithm Theoretical Basis Document, ATBD-MOD-03, NASA Goddard Space Flight Center. 25

Gao B C, Kaufman Y J. 2003. Water vapor retrievals using Moderate Resolution Imaging Spectro radiometer (MODIS) near-infrared channels. Journal of Geophysical Research, 108 (D13): 4389

Grell G A, Dudhia J, Stauffer D R. 1994. A description of the fifth-generation Penn State/NCAR mesoscale model (MM5). NCAR Technical Note, NCAR/TN-398+STR. 117

Hanssen R F. 2001. Radar Interferometry: Data Interpretation and Error Analysis. Dordrecht, Netherlands: Kluwer Academic Publishers

Kalnay E. 2003. Atmospheric Modelling, Data Assimilation and Predictability. Cambridge, United Kingdom: Cambridge University Press

Kistler R, Kalnay E, Collins W, et al. 1999. The NCEP/NCAR 50-year reanalysis. Bulletin of the American Meteorological Society, 82: 247~268

Li Z H. 2005. Correction of ttmospheric water vapour effects on repeat-pass SAR interferometry using GPS, MODIS and MERIS data. PhD thesis, University of College London, UK

Li Z H, Muller J P, Cross P, et al. 2006. Assessment of the potential of MERIS near-infrared water vapour products to correct ASAR interferometric measurements. International Journal of Remote Sensing, 27(2): 349~365

Li Z W, Ding X L, Huang C, et al. 2007. Atmospheric effects on repeat-pass InSAR measurements over Shanghai region. Journal of Atmospheric and Solar-Terrestrial Physics, 69(12): 1344~1356

Mason N, Hughes P, McMullan P, et al. 2001. Introduction to Environmental Physics: Planet Earth, Iife and Climate. London: Tylor&-Francis

Mobasheri M R, Purbagher Kordi S M, Farajzadeh M, et al. 2008. Improvement of Remote Sensing Techniques in TPW Assessment Using Radiosonde Data. Journal of Applied Sciences, 8(3): 480~488

Mockler S B. 1995. Water vapor in the climate system (Special Report, December 1995). http: //www. agu. org/sci_ soc/mockler. html[2008-02-16]

Odijk D. 2002. Fast precise GPS positioning in the presence of ionospheric delays. PhD thesis, Delft University of Technology, Delft. 96~102

Perissin D. 2010. Report of METAWAVE project, July.

Perissin D, Pichelli E, Ferretti A, et al. 2010. Mitigation of atmospheric water-vapour effects on spaceborne interferometric SAR imaging through the MM5 numerical model. *In*: PIERS Proceedings, Xïan, China, 22-26 March

Schaer S. 1999. Mapping and predicting the earth's ionosphere using the global positioning system. PhD thesis, University of Berne, Berne, Switzerland

Song K, Wu J, Li L, et al. 2010. MODIS-derived atmospheric water vapor (AWV) content and its correlation to land use and land cover in northeast China, remote sensing and modeling of ecosystems for sustainability. *In*: Proceeding of SPIE. 78090L

Song S. 2006. Sensing Three dimensional water vapor structure with ground-based GPS network and the application in meteorology. PhD Thesis, Shanghai Astronomical Observatory, CAS, China (In Chinese)

Thompson P D. 1961. Numerical Weather Analysis and Prediction. New York: The Macmillan Company

Twine T E, Kucharik C J, Foley J A. 2004. Effects of land cover change on the energy and water balance of the Mississippi River basin. Journal of Hydrometeorology, 5: 640~655

第6章　场景地物分类及地形提取

　　地物散射特性的标定及分类对于 PS-InSAR 形变模型的设计和干涉分析至关重要。PS-InSAR 在反演试验区地表形变时,通常需要预先定义一个形变模型(线性模型、二次曲线模型等)。然而,属性不同的地物表征不同散射特性,且其干涉相位在时间序列上也可表征特有规律。例如,城镇地区地表形变一般表征为线性或正弦曲线,且同季节变化失相关;高原冻土形变受冻胀和融沉影响,随季节调制显著;而金属材质的人工建筑因热胀冷缩,形变序列可随温度变化呈周期性曲线。因此,当观测区场景较为复杂时,我们很难利用统一形变模型来反演整个场景形变场。而地物散射特性、相干特性分析、地物分类是观测区场景复杂度分析的前提,更是后续 PS-InSAR 形变模型定义和选择的基础。

　　当获取 SAR 影像数量有限或数据时间采样不足时,考虑到 PS-InSAR 对影像数量和非线性形变估计的需求,精确形变反演已不可取(经典 PS 技术通常要求影像不少于20 景)(Colesanti et al. ,2003);时间欠采样能阻碍地物非线性形变时间序列求解。然而考虑到干涉图高程误差相位同空间基线正相关,当空间基线具有大的离散度时,可利用 PS-InSAR 技术估算残余地形误差,进而获得比 SRTM(shuttle radar topography mission) DEM 数据更高分辨率的地形细节信息,为研究区域地形测绘、水文学等科学研究和工程应用提供良好的地形数据。

　　本章将以青藏铁路高原冻土区为研究对象,从地物散射特性、相干特性出发,研究基于多属性的地物分类方法,为后续开展 PS-InSAR 信息反演,尤其是形变模型设计和反演提供先验知识和理论基础;接着,针对小数据量 SAR 影像和复杂地表形变模式,我们提出了一种基于 QPS 的地形提取算法,能获得试验区高精度 DEM 数据。而高精度DEM 数据反过来又能改善 DInSAR 地形相位误差,进一步提升后续研究形变估算的精度和可靠性。

6.1　研究区及实验数据

　　青藏铁路是一种典型的大型线状人工地物,它贯穿了 550km 连续多年冻土和 82km 的岛状多年冻土。假如定义平均年地表温度介于 -1~0℃ 为暖冻土,则其贯穿的 275km(50%)为连续多年暖冻土。冻土是一种特殊的土壤,影响其稳定性的重要因素含冰量同温度息息相关。在全球变暖大背景下,青藏铁路多年冻土区每年都发生季节性融化和冻结,并伴生各种不良地质现象,因此为了保证安全运营,对其路基进行形变监测就显得尤为重要。

　　多年冻土区实践表明,融沉和冻胀是多年冻土地基工程结构物产生病害的主要原因[①]。由于多年冻土区特殊的地质和气候条件,高含冰量冻土地基在夏季气温升高或人

---

　　① 中铁第一勘察设计院.2007.青藏铁路格拉段建设期间历年寒季暖季调查情况总结报告

为施工等因素的影响下，会产生融化下沉，造成工程结构物变形破坏；在寒季，工程结构物地基冻结产生冻胀，同样会造成冻结变形破坏。青藏铁路二期工程连接格尔木至拉萨，并已于2006年7月正式投入使用。由于该工程设计服务周期为100年，路基稳定是该铁路安全运营的关键环节。目前监测研究主要集中在主动冷却降温(Cheng，2005；程国栋等，2006)、冻土路基动力分析(马巍等，2008)、斜坡路堤稳定分析(牛东兴等，2009)、风蚀防治(刘世海等，2007)等方面。这些方法受野外作业难度大、点数据稀疏和模型参数精度影响，无法近实时获取基于面状大范围、精确的路基形变信息。

雷达干涉技术能克服上述技术的缺陷，在路基形变监测及稳定维护应用中具有巨大潜力。目前，可用于地表形变监测的星载雷达卫星数据主要包括：X波段的TerraSAR-X、COSMO-SkyMed，C波段的Radarsat-1/2、ENVISAT ASAR和L波段的ALOS PALSAR，这些数据的相关参数如表6.1所示。Radarsat-1轨道数据精度太差，增加了雷达干涉处理的难度。X波段的TerraSAR-X和COSMO-SkyMed波长太短，在非城区观测中严重去相干；此外高分辨率的TerraSAR-X，COSMO-SkyMed和Radarsat-2数据过于昂贵。因此，本书选用了L波段的ALOS PALSAR数据。该数据不仅空间分辨率优于ENVISAT ASAR (ALOS PALSAR 10m vs. ENVISAR ASAR 25m) (Sandwell et al.，2008)，而且能在季节性冻土区保持较好的相干性，从而为反演青藏铁路沿线地表形变提供了可能。

本书选用青藏铁路北麓河段作为试验区，如图6.1所示。从图中可清晰发现，青藏铁路在雷达图像上表现为强散射体，如白色箭头所示。图6.1(a)白色矩形表示试验区覆盖范围，面积约为$18\times19\ km^2$；其中南部为山地，以风火山为代表，而北部地势较为平坦，以北麓河河谷为代表。图6.1(b)表征了铁路路基沿线两大条带状强散射体"L1，L2"。经实地野外考察，确认为防沙措施，以栅栏为代表，宽度可达$200\sim300m$。外业还发现，该试验区地物类型比较单一，主要包括：铁路及路基、岩石山体、高山草甸和水体四大类型，如图6.2所示。由于地处高海拔($4500\sim5100m$)，试验区为典型的大陆干寒气候；对应冰冻期为从9月到次年4月(约$7\sim8$个月)，平均年气温为$-3.5℃$。

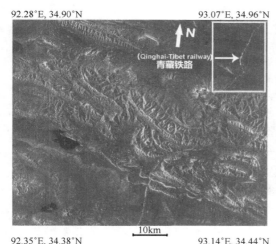

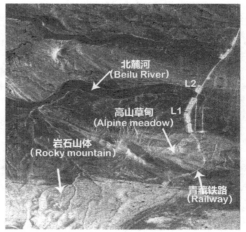

(a) 白色矩形框标示的试验子区

(b) 试验子区铁路、岩石山体、高山草甸和水体四大主要地物，"L1和L2"为防沙装置

图6.1　青藏铁路北麓河段试验区雷达影像图

11 景 L 波段 ALOS PALSAR SLC 数据，其中 6 景为精细单极化模式（HH 极化），5 景为精细交叉极化模式（HH/HV 极化），获取时间为 2007 年 6 月至 2009 年 2 月用于相干分析和形变反演，具体参数如表 6.2 所示。所有数据获取的入射角为 34.3°，轨道模式为升轨；其中精细单极化模式空间采样间隔在距离向为 4.68m，方位向为 3.17m，精细交叉极化模式在距离向为 9.36m，方位向为 3.17m。试验中，我们选取了两种模式的 HH 极化数据进行干涉。在干涉前，需要对来自精细交叉模式数据进行距离向 2 倍过采样，以使两者数据具有相同的空间采样间隔。交叉极化数据获取的距离向带宽为单极化模式一半，即 14MHz 比 28MHz；然而它们具有相同的中心频率，距离向频率带宽的重叠，使得 PALSAR 两种模式数据混合干涉成为可能，这也极大地提升了平台干涉能力。由于 PALSAR 采用了更长波长（L 波段，23.6cm），因此该系统比 ENVISAT ASAR（C 波段，5.6cm）具有更大的极限垂直基线和更强地物穿透性，能在季节性冻土的低相干区产生高质量相干图。Samsonnov(2010)研究发现，PALSAR 空间基线随获取时间发生有规律的调制，这在我们实验中也得到充分体现，如图 6.3 所示。在 2008 年 3 月之前，干涉对空间基线均小于 1000m，并逐步下降，而在 2008 年 8 月，空间基线发生了阶跃（从约 -1200m 上升为 3500m），然后再次呈规律性下降。从空间基线分布规律看，利用 PALSAR 数据进行长时间序列分析时，基于多主影像方法（QPS，SBAS，相干目标法）要优于单主影像方法（PS）。

表 6.1 目前在轨运行星载雷达数据参数

传感器	波段	重访周期/d	分辨率
TerraSAR-X	X(3.0cm)	11	1m (SpotLight 模式) 3m (StripMap 模式)
COSMO-SkyMed	X(3.0cm)	16	1m (SpotLight 模式) 3m (StripMap 模式)
Radarsat-1	C(5.6cm)	24	10m (精细模式)
Radarsat-2	C(5.6cm)	24	3～25m
ENVISAT ASAR	C(5.6cm)	35	30m (图像和交叉极化模式)
ALOS PALSAR (2011 年 5 月失效)	L(23.6cm)	46	～10m (精细单极化，入射角为 34.3°)

表 6.2   实验使用 ALOS PALSAR 数据

序号	获取时间	极化	景号
1	20070621	HH/HV	W0514494001-03
2	20070806	HH/HV	W0560494001-02
3	20070921	HH/HV	W0606494001-06
4	20071222	HH	W0698494001-01
5	20080206	HH	W0744494001-01
6	20080323	HH	W0790494001-11
7	20080808	HH/HV	W0928494001-04
8	20080923	HH/HV	W0974494002-01
9	20081108	HH	W1020494001-04
10	20081224	HH	W1066494001-03
11	20090208	HH	W1112494001-01

(a) 岩石山体   (b) 水体

(c) 高山草甸   (d) 铁路及路基

图 6.2   野外调查获取的试验区地物照片

6.2 相干矩阵分析

本实验区属于非城镇区，为了尽可能多地提取场景信息，引入 QPS 方法，采用基于最小生成树策略，由此获取的最佳相干组合图，如图 6.3 所示。在图 6.3 指导下，可生成相干图序列，进而计算获取平均空间相干系数。相干图生成过程中使用了 15×15 窗口的 GoldStein 滤波器，因此噪声已得到抑制，平均空间相干值获得显著提高，如图 6.4 所示，除了水体和电线塔，其他地物均表现为高的相干值（大于 0.8）。我们推断电线塔低相干值可能是由积雪目标散射特性随季节变化所致，确认工作尚待更多研究的支撑。高的相干值便于提取观测区高密度部分相干目标点，较好估计大气延迟相位（雷达干涉最大的误差源），便于利用 DInSAR 技术监测非城区地表形变信息。

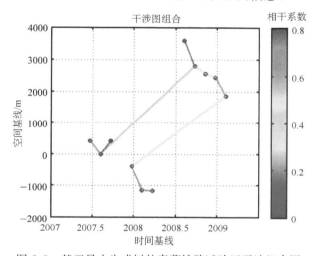

图 6.3 基于最小生成树的青藏铁路试验区干涉组合图

为了深入了解试验区，我们对试验区中的铁路及路基、岩石山体、高山草甸和水体四种主要地物的相干特性进行分析。在相干矩阵生成阶段，为了保留原始相位信息，未引入滤波器。首先，分析了相干矩阵随时间基线演变规律，如图 6.5 所示。图中 No. 1~No. 11 分别对应表 6.2 中雷达数据获取时间。对于铁路及路基来说，相同季相的干涉对组合（夏季和冬季，甚至跨越年度）均能获得高的相干值（大于 0.85），相邻季相干涉组合能获得中等相干值（0.65~0.85），No. 6 和 No. 7 组合除外。No. 6 和 No. 7 组合低的相干值是由严重几何去相干导致的，该干涉对空间垂直基线为 4754m（干涉组合空间基线在该时段发生阶跃）。对岩石山体来说，夏季干涉组合能获得高的相干值，冬季组合可获取中等相干值。而高山草甸主要在夏季干涉组合中获得了中等至低的相干值。水体在整个监测周期都表征为去相干。接着，我们分析了相干矩阵随空间基线的变化规律，如图 6.6 所示。在中、小空间基线下，铁路及路基表现为高至中等的相干值。对于岩石山体和高山草甸来说，小的空间基线不能保证高的相干值；相反，在若干中等空间基线干涉组合下却获取了中等相干值。对水体目标来说，严重去相干继续存在。通过上述相干矩阵分析，我们认为对于青藏铁路沿线试验区，由季相变化主导的时间去相干要明显大于空间基线主导的几何去相干。

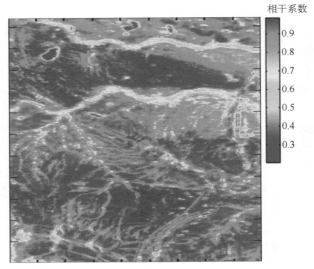

图 6.4　试验区平均相干图

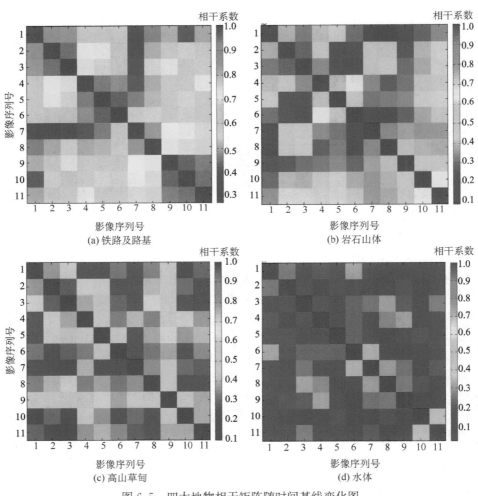

图 6.5　四大地物相干矩阵随时间基线变化图

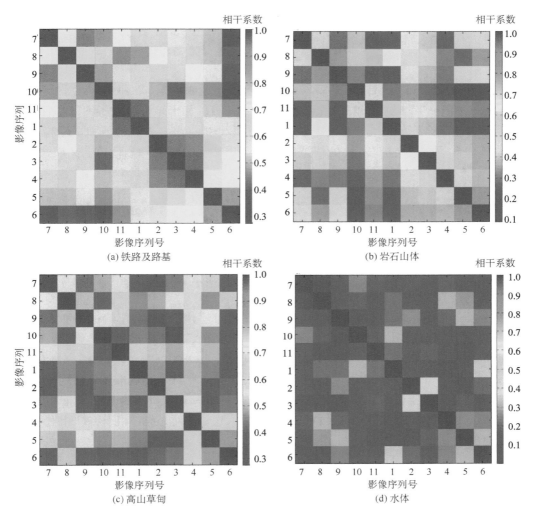

图 6.6　四大地物相干矩阵随空间基线变化图

6.3　地　物　分　类

在分析、研究了试验区主要地物相干特性之后，我们发现观测区场景较为复杂；在未来研究中可采用不同地物类型选用不同形变模型的策略，精化干涉处理步骤，提高复杂区地表形变反演的精度和可靠性。这时场景地物分类就成为后续研究和处理的先决条件。

6.3.1　样　本　采　集

从算法稳健性出发，本研究我们采用了监督分类方法。因此在分类之前，首先需要实现类别样本的采集。结合近几年野外考察，我们依次选取了四种地物样本，它们分别是前节提及的岩石山体、高山草甸、水体、铁路及路基。

6.3.2　特　征　提　取

我们共获取了 11 景 ALOS PALSAR 影像，使用这些数据，在每个像素坐标上可计算获取一个相干矩阵和幅度矩阵，它们维数为 11×11。相干矩阵包含了图像坐标 (x,r) 处任意干涉对组合产生的相干信息，为了去除地形影响，需要去除地形和平地相位；而幅度矩阵包含了图像坐标 (x,r) 处任意影像对组合产生的幅度差异，其定义如式（6.1）所示：

$$\gamma_{p,i,j} \big|_{(x,r)} = \mathrm{abs} \left(\frac{(p_i - p_j)}{(p_i + p_j)} \right) \Big|_{(x,r)} \tag{6.1}$$

式中，$\gamma_{p,i,j}$ 为幅度矩阵 (i,j) 元素；符号 abs 为取绝对值；p_i，p_j 分别对应第 i，j 影像组合的幅度值；$\gamma_{p,i,j} \subset [0,1]$。由于上述两矩阵均为对角矩阵，去除自相关元素之后，矩阵中具有独立意义的元素个数为分别为 55。利用独立元素生成特性矢量（相干特性在前，幅度特征为后），对应特征维数为 110。

在分类过程中，高维特征不仅可引起维数灾难问题，而且非典型特征的加入对类型判别具有混淆、模糊作用。因此，为了提高数据处理效率及获取最优分类结果，有必要对典型特性进行选取。这里，我们引入了 SFFS(sequential floating forward selection)方法(Ververidis and Kotropoulos，2008)。该方法基于贝叶斯分类器准则，利用 t 检验法选取的典型特征能获得统计意义上最优分类结果，如表 6.3 所示。其中 6 个相干特征"1，2，11，16，29，34"入选，幅度特征只有"71"入选；显而易见，相干特征相对幅度特性，对分类贡献更为显著。

表 6.3　SFFS 提取特性结果

No.	正确分类	入选特征	LowCL Hyper	UpCL Hyper	LowCL Mahal
1	0.716	29	0.709	0.724	0.716
2	0.810	11	0.803	0.818	0.806
3	0.840	1	0.833	0.848	0.833
4	0.861	16	0.854	0.869	0.851
5	0.878	34	0.870	0.886	0.864
6	0.878	2	0.870	0.886	0.859
7	0.894	71	0.887	0.902	0.871

……

注:经过 t 检验，第 1，2，11，16，29，34，71 入选。

6.3.3　分　　　类

获取典型特征之后，就可以使用最大似然法对整个场景进行分类。在本研究中采用了基于像素分类的方法，分类产生的混淆矩阵将用于最终结果的定量评价。试验区四大类地物分类结果，如图 6.7 所示。从图中发现，岩石山体和铁路，水体同高山草甸分类存在混淆。经过分析发现，部分裸露山体相干特性和幅度强度随季候变化同铁路及路基类似；而毗邻河套的高山草甸相干特性和幅度值同水体接近。这些都是导致分类结果产生混淆的根本原因。

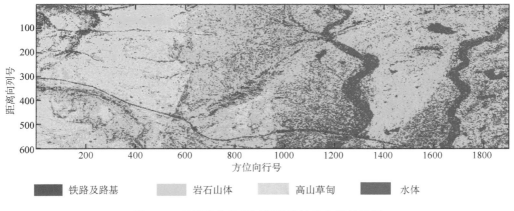

铁路及路基　　岩石山体　　高山草甸　　水体

图 6.7　青藏铁路北麓河段沿线地物分类效果图

6.3.4　分　　析

从图 6.7 可见，分类效果还存在改善空间。第一，由于本研究暂时采用了基于像素的最大似然分类法，因此未能很好地考虑影像相干和幅度特征空间邻域信息，因此基于面向对象分割、分类方法可进一步提升分类精度。第二，本研究假设特征概率密度服从单一高斯分布，而实际地物类型特征概率密度函数错综复杂，高斯分布未必能逼近真实分布形态，如图 6.8 所示，因此提出更为泛化的概率密度函数或其他高级算法（如人工神经网络、模拟退火方法等）对提升分类精度有所帮助。本章只关注于 SAR 影像序列散射特性、相干特性及它们在场景地物分类中的作用，精细分类算法研发已超出本章探讨范围，故不予进一步阐述。

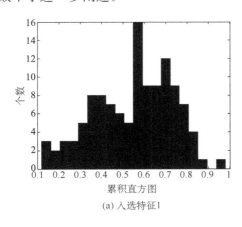

(a) 入选特征1

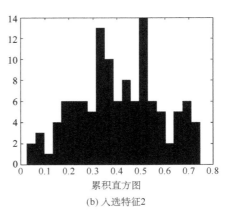

(b) 入选特征2

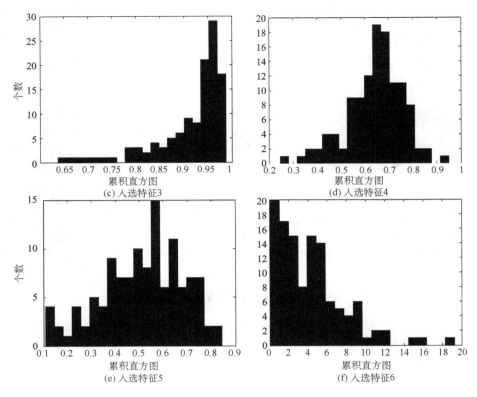

图 6.8　铁路及路基选取的典型特征概率密度分布形态

6.4　地形信息提取

数字高程模型(DEM)生产和地表形变监测是雷达干涉技术的两大主流应用。重复轨道干涉测量是一种通用的方法,该技术容易受到时间、空间去相干影响(Zebker and Villasenor,1992;Rocca,2007);此外尽管当雷达信号高度相干时,大气延迟相位仍然会影响反演结果的精度(Hanssen,2001)。例如,Zebker等(1997)利用空间基线为100~400m 的 SIR-C/X SAR 数据,发现20%空间尺度上的湿度相对抖动能产生 10~14cm 的形变估计误差。PS-InSAR 技术的发展,使得利用该技术获取精确地表信息成为可能。研究证明,当 PS 点空间分布密集,时间相关性高,PS 技术能反演获取毫米级形变和优于米级 DEM 信息(Ferretti et al.,2007;Perissin,2008)。Mora 等(2006)使用时间序列高相干地形干涉图,利用 TopoDInSAR 工具生成了高精度 DEM;但是该方法对数据要求较为苛刻,如 ERS-1/2 Tandem 模式。Perissin 和 Rocca(2006)利用 PS 技术获取了意大利米兰高精度地表高程信息,并且分析了 PS 定位的精度;然而该方法受到 PS 密度分布的限制,只能应用于城市区域。鉴于此,为了提升试验区目标点空间分布密度,在接下来试验中,我们引入了能提取部分相干目标点的 QPS 算法(Perissin and Wang,2012)。

从 6.3 小节相干矩阵分析发现,对于青藏铁路冻土区,地物相干特性受季节影响显著,铁路沿线附近某一水准历史观测数据也表征了这一规律,如图 6.9 所示。该点在季节性冻胀和融沉共同作用下,形变演化跟季节更替息息相关。由于本研究采用的 ALOS PALSAR 数据重复观测周期为 46 天(该星不接受商业编程订购),历史存档数据时间采样率欠佳,导致部分相邻重复轨道接收日期间隔长达 4~5 个月;因此很难使用 11 景(小数据量)、时间欠采样的 SAR 数据及单一形变模型来反演观测区复杂的地表运动模式。为此,在接下来研究中,我们只采用 QPS 技术来反演高程误差。残余高程信息和 SRTM DEM 数据的叠加,能获取相对原始 SRTM DEM 更为精确的地形信息。

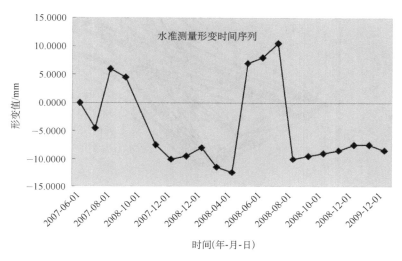

图 6.9 青藏铁路沿线某一水准点形变历史观测数据

该点形变量受季节性影响显著

6.4.1 最小生成树与完整图形 QPS 性能比较

相对经典 PS 方法,对于小数据量、低相干区域,QPS 具有三大优势:①多主影像策略最大可能利用了影像干涉组合信息,多余干涉观测值有益于噪声抑制;②干涉图滤波增强了干涉相位信噪比;③形变及高程误差仅使用以相干性为权值的高质量的干涉图进行信息反演。利用 QPS 方法进行信息反演时,干涉图组合较为灵活,并以最小生成树和完整图形为典型代表。最小生成树,即保证所有观测影像在时间维首尾连接的前提下(连通且无回路),干涉组合图相干值(影像干涉对相干图平均相干系数连接值总和)最大;假设观测期影像序列为 N,则由最小生成树产生的相干图个数为 $N-1$。完整图形,即所有观测影像在时间维两两影像任意配对,由此获得的相干图个数为 $N(N-1)/2$。

接下来,我们对上述两种干涉对组合图进行分析,如图 6.3(最小生成树)和图 6.10(完整图形)所示。从机理上讲,完整图形干涉对组合包含了影像干涉全部信息,信息的增加有益于反演精度的提高;然而这一切以计算效率的降低为代价。此外,若干因严重

几何和时间去相干的低质量相干图,可能会在形变和高程信息反演中引入噪声。图6.11
展示了基于最小生成树和完整图形反演获取的高程误差散点图。从两者对照清晰可见,
绝大部分高程误差反演结果具有很好的一致性(定量评价为99.5%),数值范围为-30～
30m;不一致主要位于A1,A2和A3区。

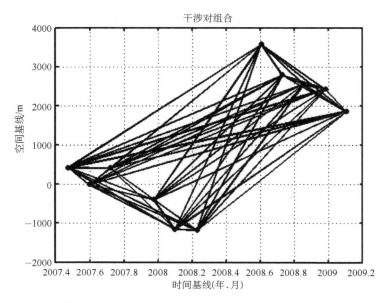

图6.10 青藏铁路实验区11景ALOS PALSAR影像完整图形干涉对组合

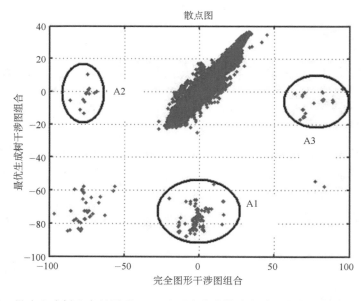

图6.11 最小生成树和完整图形QPS法反演青藏铁路实验区获取的高程误差散点图

数据处理中，我们利用 SRTM DEM(3 弧度，即约 90m 地面分辨率)去除了平地和地形相位。对于 1 弧度的 SRTM DEM 数据，其平面向和高程向的精度分别为 20m 和16m(Smith and Sandwell，2003；Rodriguez et al.，2006)。由于本试验选用的是 3 弧度数据，精度自然要略差于上述指标。参考 DEM 高程的去除，使得干涉图中残余高程信息较为平滑。因此从高程误差变化区间，我们可以初步断定 A1 处的不一致是由最小生成树 QPS 引入的(高程误差变化范围为 −80～−60m)；而 A2 和 A3 区的误差是由完整图形 QPS 引入的(高程误差分别为 −85～−60m 和 65～90m)。图 6.12 给出了两种策略反演残余高程的差异图，暗黑色的点对应结果不一致区。A1 区相干目标点个数为 112，A2 和 A3 区相干目标点总和为 39，由此可见，完整图形 QPS 反演结果要略优于最小生成树 QPS。

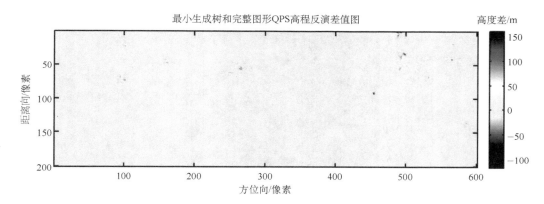

图 6.12　最小生成树和完整图形 QPS 法反演高程误差差值图

6.4.2　干涉图滤波窗口分析

如上述，干涉图滤波是 QPS 相对经典 PS 算法改进之一。众所周知，干涉图滤波能在牺牲空间分辨率的前提下，增强干涉相位信噪比。为了确定试验区最佳滤波窗口大小，我们开展了下述实验。图 6.13 展示了相干目标点时间相干系数随滤波窗口变化的散点图；其中(a)，(b)，(c)分别对应窗口大小 5 vs 10，10 vs 15 和 15 vs 20 的情况。从图中清晰可见，时间相干系数离散度随着滤波窗口的增大而降低。图 6.14 展示了使用不同滤波窗口获得的残余高度误差散点图；其中(a)，(b)和(c)分别对应窗口大小 5 vs 10，10 vs 15 和 15 vs 20。从图 6.14 发现，使用较小的滤波窗口，如 5 个像素和 10 个像素，散点图较为离散；随着滤波窗口的增大，散点图逐步收敛；当滤波窗口增大到 15 vs. 20 时，两残余高程误差散点图已经呈现明显线性关系。滤波窗口 15 vs 20 情况下的不一致相干目标点个数为 87，即约占目标点总个数的 0.15%；因此可以把该数值作为最优滤波窗口大小选择的基准。

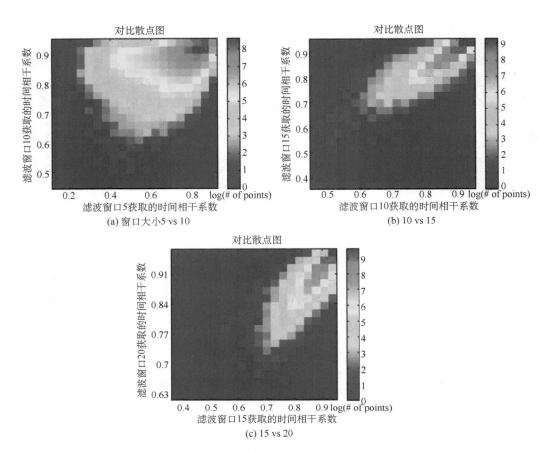

图 6.13 　不同滤波窗口 PS 候选点时间相干系数散点图

相干离散度随着滤波窗口的增加而降低

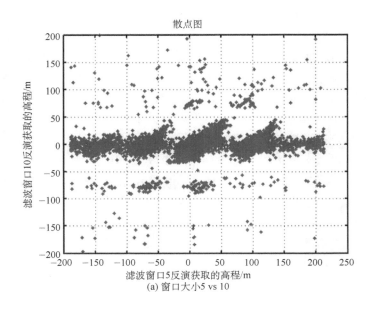

(a) 窗口大小5 vs 10

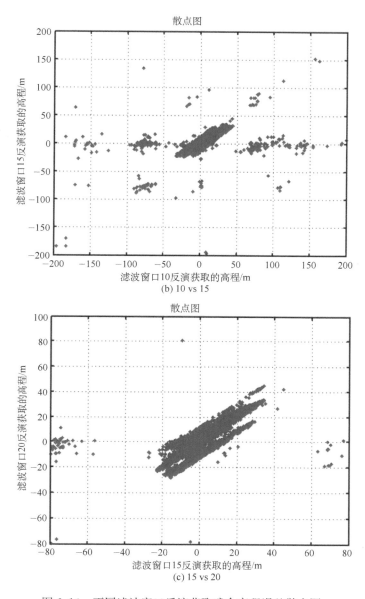

图 6.14　不同滤波窗口反演获取残余高程误差散点图

随着滤波窗口增大，反演结果线性相关性增强

6.4.3　场景地形信息提取

由 6.4.1 小节干涉组合图比较分析发现，完整图形 QPS 获得了优于最小生成树 QPS 的结果。然而，综合考虑完整图形 QPS 计算耗时、最小生成树同前者反演性能相当等因素，最小生成树 QPS 为最优方案，由此获得试验区场景残余高程，如图 6.15 所示。从丰富地形细节信息发现，我们获取了相对于参考 SRTM DEM 数据更为精确的高

程信息。首先，从理论模型上分析，利用 PS-InSAR 反演获取的高程精度为亚米到米量级，优于 SRTM DEM 16m 精度；其次，PS-InSAR 反演的高程信息能充分利用 SAR 影像高空间分辨率（根据星载 SAR 平台，其数值为 1～25m 不等），因此能获取比 SRTM DEM（3rad，90m 空间分辨率）更为精细的地形信息。反演获取的高程数据不仅可用于地形测绘、水文专题制图，而且也可用于后续 DInSAR 地形相位去除。实验中，使用 QPS 方法获取的观测区残余高程数值主要位于－30～30m。然而在地形陡峭的山区，我们发现了若干较为显著的残余高程值，数值绝对值范围为 30～80m。分析原因如下：①SRTM DEM 在地形陡峭地区存在 void 数据漏斗，可引入不精确参考高程值；②SAR 影像投影到 SRTM DEM 地图坐标系的地理编码算法可引入水平向配准误差，导致地形陡峭山区存在显著高程差异。

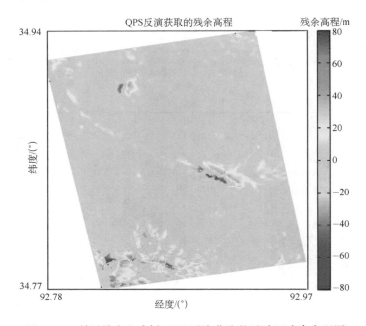

图 6.15　利用最小生成树 QPS 反演获取的试验区残余高程图

6.5　小　　结

本章从研究地物散射特性、相干特性出发，提出了一种基于统计分析的最优特性选取和场景地物分类方法。地物场景分类及相干特性分析是 PS-InSAR 工作的基础；相干时间序列分析便于了解场景地物特性，能为 PS-InSAR 形变模型设计和数据处理提供参考。当研究区形变模式较为复杂，利用小数据量和稀疏时间采样率星载 SAR 数据无法还原、估算地表形变演变模式；这时可充分利用大的空间基线离散度，在获取密集相干目标点的前提下，可选用 PS-InSAR 模型反演获取精确地形信息，进而为地形测绘、水文分析和后续 DInSAR 地形相位估计提供良好数据源。

参 考 文 献

程国栋,孙志忠,牛富俊. 2006. "冷却路基"方法在青藏铁路上的应用. 冰川冻土,28(6):797~808

刘世海,冯玲正,许兆义. 2007. 青藏铁路 K1533 路基风蚀防治措施效益研究. 水土保持学报,21(5):68~71

马巍,刘端,吴青柏. 2008. 青藏铁路冻土路基变形监测与分析. 岩石力学,29(3):571~579

牛东兴,牛怀俊,马亚兰. 2009. 影响青藏铁路多年冻土区斜坡路堤稳定的因素分析. 铁道工程学报,7:6~14

Cheng G. 2005. A roadbed cooling approach for the construction of Qinghai – Tibet Railway. Cold Regions Science and Technology,42:169~176

Colesanti C,Ferretti A,Novali F,et al. 2003. SAR monitoring of progressive and seasonal ground deformation using the permanent scatterers technique. IEEE Transactions on Geoscience and Remote Sensing,41(7):1685~1701

Ferretti A,Savio G,Barzaghi R,et al. 2007. Submillimeter accuracy of InSAR time series:experimental validation. IEEE Transaction on Geoscience and Remote Sensing,45(5):1142~1153

Hanssen R F. 2001. Radar Interferometry:Data Interpretation and Error Analysis. Dordrecht,Netherlands:Kluwer Academic Publishers

Mora O,Arbiol R,Pala V,et al. 2006. Generation of accurate DEMs using DInSAR methodology (TopoDInSAR). IEEE Geoscience and Remote Sensing Letters,3(4):551~554

Perissin D. 2008. Validation of the sub-metric accuracy of vertical positioning of PSs in C-band. IEEE Geoscience and Remote Sensing Letters,5(3):502~506

Perissin D,Rocca F. 2006. High-accuracy urban DEM using permanent scatterers. IEEE Transactions on Geoscience and Remote Sensing,44(11):3338~3347

Perissin D,Wang T. 2012. Repeat-pass SAR interferometry with partially coherent targets. IEEE Transactions on Geoscience and Remote Sensing,50(1):271~280

Rocca F. 2007. Modeling interferogram stacks. IEEE Transactions on Geoscience and Remote Sensing,45(10):3289~3299

Rodriguez E,Morris C S,Belz J E. 2006. A global assessment of the SRTM performance. Photogrammetric Engineering and Remote Sensing,72(3):249~260

Samsonov S. 2010. Topographic correction for ALOS PALSAR interferomery. IEEE Transactions on Geoscience and Remote Sensing,48(7):3020~3027

Sandwell D T,Myer D,Mellors R,et al. 2008. Accuracy and resolution of ALOS interferometry:vector deformation maps of the father's day intrusion at Kilauea. IEEE Transactions on Geoscience and Remote Sensing,46(11):3524~3534

Smith B,Sandwell D. 2003. Accuracy and resolution of shuttle radar topography mission data. Geophysical Research Letters,30(9):1467

Ververidis D,Kotropoulos C. 2008. Fast and accurate sequential floating forward feature selection with the Bayes classifier applied to speech emotion recognition. Signal Processing,88(12):2956~2970

Zebker H A,Villasenor J. 1992. Decorrelation in interferometric radar echoes. IEEE Transactions on Geoscience and Remote Sensing,30(5):950~959

Zebker H A,Rosen P A,Hensley S. 1997. Atmospheric effects in interferometric synthetic aperture radar surface deformation and topographic maps. Journal of Geophysical Research,102(4):7547~7563

第7章 潜在滑坡监测

通常情况下，不稳定坡体是触发山体滑坡的前兆。滑坡是指斜坡上土体或者岩体，受河流冲刷、地下水活动、地震及人工切坡等因素影响，在重力作用下，沿着一定的软弱面或者软弱带，整体地或者分散地顺坡向下滑动的自然现象。我国滑坡的地理分布以大兴安岭—太行山—巫山—雪峰山为界，东部稀少，西部密集；以大兴安岭—一线家口—榆林—兰州—昌都为界，东南密集，西北稀少。两线之间为滑坡分布密集区。泥石流是山区沟谷中，由暴雨、冰雪融水等水源激发的含有大量泥沙、石块的特殊洪流。综合考虑地形、地质构造、区域气候等因素，在我国滑坡和泥石流存在共生现象，沟谷地形陡峭、松散覆盖层和水源动力充沛三大因素的结合是我国山体滑坡广泛发育的基本原因。此外，人类活动向山区的迅速扩展，破坏了山地地表结构，加剧了水土流失，也能促使滑坡崩塌。山体滑坡及其山区沟谷中伴生的泥石流可导致重大的人员伤亡和财产损失，例如，2010 年 8 月发生的甘肃舟曲特大泥石流灾害，造成 1481 人死亡，284 人失踪（至 9 月 7 日通报），初步估计直接经济损失超过 4 亿元。

在本章，我们将重点研究位于我国华南香港特别行政区潜在山体滑坡。香港地形多山，在夏季强降水和城镇高密度开发等作用下，极容易在部分居住区触发山体滑坡甚至泥石流。在 1945～1994 年近 50 年期间，香港报道自然山体滑坡共 26780 次，即平均每年超过 300 次（Evans and King，1998）。考虑到不稳定坡体对防范山体滑坡灾害的重要性，有不少学者分别从基于 GIS 统计分析（Dai and Lee，2002）、地貌学制图（Ng et al.，2002）和地质机理（Chen and Lee，2004）等角度进行了一系列研究。然而至今很少有关近实时监测的报道。由于香港地区有很多居民区修建于坡体或邻近坡体，没有任何预警信息的山体滑坡将给当地居民造成致命的打击（人身安全和财产损失）。因此对于当局政府和预警管理员来说，灾害前不稳定滑坡体的监测尤为重要。

目前有两种监测技术支持近实时地表形变监测。第一种是基于地面测量的精密水准测量、差分 GPS 观测、地基雷达等。水准测量及 GPS 观测都是基于点的信息获取技术，进而导致感兴趣观测点密度过于稀疏、耗时、施工周期长；而且对于那些地形较为险峻的地区，因人力不可达而显得无能为力。地基雷达技术是一种获取面状、高精度地表形变的有效手段（Luzi et al.，2007），但是因安装设备的需要，该技术一般需要先获取观测区的先验知识，尤其是滑坡体精确的位置。因此，有些不稳定滑坡体容易被遗漏，进而导致那些不可预见的山体滑坡。相对前者而言，卫星遥感技术能提供整个场景的不同空间分辨率、大空间尺度的实况信息，其观测时间采样率也根据卫星平台各有不同（Strozzi et al.，2006）。得益于星载 SAR 技术的发展，雷达差分干涉技术已经被验证在获取大范围、高精度（厘米到毫米级）地表形变场具有独特的优势（Ferretti et al.，2000；Colesanti and Wasowski，2006；Manunta et al.，2008）。例如，在山体滑坡识别和监测方面，Guzzetti 等（2009）研究了意大利地区因地震导致不稳定滑坡体地表形变情况。他们使用雷达差分技术来定位滑坡体，并且评价了该技术的监测能力。然而，传统雷达差分干涉技术在非城区严重几何和时间去相干限制了其在不稳定滑坡体中的应用。近年来，第二代新型星载 SAR 平台的运营（高分辨率、快速重访）及 PS-InSAR 技术的发展，使得利用雷达干涉提取不稳定坡体运动模式成为可能（Barboux，2011）。综合考虑上述因素，在本研究中，我们拟使用 L 波段（波长 23.6cm）的 ALOS PALSAR 数据。相对于 X，C 波段数据，L 长波段电磁波具有更好地穿透性，因此能更好地克服时间去相干，提高干涉纹图的质量。研究中，我们只关注了雷达视向的形变量。反演获取形变场的空间和时间分辨率由星载 SAR 平台决定，例如，对于 ALOS PALSAR，空间分辨率、时间重访周期分别为 10m 和 46 天。山体坡度上形变场的获取，不仅能用于不稳定坡度的定位，而且可提供坡度整个的先验信息源。

7.1　香港实验区及其数据

香港特别行政区位于我国华南的大珠江三角洲地区，总体覆盖面积 1100km²，680km² 是陆地；其中 65% 陆地具有的坡度大于 15°，30% 大于 30°。该区域受亚热带季风气候影响，夏季炎热多雨，冬季温暖干燥。简而言之，每年约 3～5 月为春季，气候温和潮湿、有雾，能见度低。6～8 月为夏季，气温炎热、潮湿，降水量高。9～11 月为秋季，大致凉爽、阳光充沛。夏秋两季亦是台风季节，常受热带气旋吹袭，引发黑雨事件（每小时降水量超过 70mm）。12 月至翌年 2 月则是冬季，清凉干燥、高地偶有霜降，极少下雪。香港雨量充沛，年降水量为 2224.7mm，且每年 5～9 月的降水量约占全年降水量的 80%。香港主要由火成岩、沉积岩及变质岩构成，火成岩的出露面积最广泛，包括火山岩（50%）及侵入岩（35%）约占据香港面积的 85%[①]。在坡度陡峭地带，植被分布稀疏，覆盖土层风化、侵蚀较为严重。因此，在夏季暴雨的袭击下，很容易在崩积层和覆盖土层之间产生短暂的地下蓄水面，进而在自然陡峭坡体发生滑坡，如图 7.1 所示。

9 景 ALOS PALSAR 数据［3 景 FBS（fine beam single）模式，HH 极化；6 景 FBD（fine beam dual）模式，HH 和 HV 极化］用于香港特别行政区不稳定滑坡体定位和监测研究，如表 7.1 所示。数据获取时间从 2007 年 6 月至 2008 年 12 月。所有数据获取的雷达入射角为 34.3°，升轨模式。其中 FBS 数据，像素采样间隔在距离向为 4.68m，在方位向为 3.17m；FBD 数据，像素采样间隔分别为 9.36m 和 3.17m。由于 L 波段（23.6cm）ALOS PALSAR 数据具有相对于 C 波段（5.6cm）更大的波长，进而产生更大的极限垂直基线，即 PALSAR FBS 模式的 13.1km 对应 ENVISAT ASAR 的 1.1km。该特性使得 PALSAR 数据受几何去相干影响小，加之更佳的穿透性，使得 PALSAR 在传统意义上的低相干地区（如稀疏植被区）也能获取高质量相干图，便于开展不稳定滑坡体的监测。为了验证该效果，我们对来自 ALOS PALSAR 和 ENVISAT ASAR 同一时期内的干涉纹图进行比对，如图 7.2 所示。其中 PALSAR 干涉图由获取时间分别为 2007 年 8 月 9 日和 2007 年 12 月 25 日生成，垂直基线为 −135m；ENVISAT ASAR 干涉图由获取时间分别为 2007 年 6 月 13 日和 2007 年 10 月 31 日，

[①]　http://zh.wikipedia.org/wiki/香港地质

图 7.1　香港地区暴雨过后发生的自然山体滑坡

垂直基线为−90m。尽管这两个干涉图对应的时间基线和垂直基线都较为相近，我们发现 L 波段的 PALSAR 能产生更好的相干图，尤其在那些稀疏植被区，如香港大屿山地区，如白色矩形框所示。

　　采用完整图形干涉图组合策略，可获取共 36 景干涉图，它们的垂直基线都小于FBD 模式的极限基线值，时间基线为 46～552 天。在地形相位估计和去除阶段，本研究采用了 1：25 000 香港当地的 DEM 数据，平面精度为 2.5m，垂直精度为 5m。

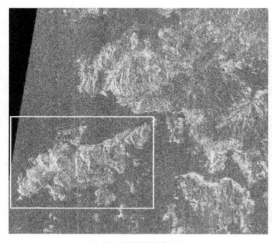

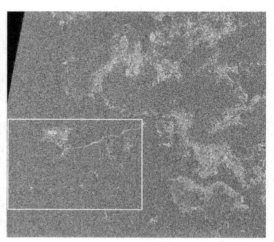

(a) ALOS PALSAR　　　　　　　　　　　　　　(b) ENVISAT ASAR

图 7.2　L 波段 ALOS PALSAR 和 C 波段 ENVISAT ASAR 相干图对照
图中白色矩形框表示香港大屿山稀疏植被区。亮色代表高相干性区域，暗色代表低相干性区域

表 7.1　香港实验区 ALOS PALSAR 数据

获取时间	极化	轨道
20070624	HH/HV	scending
20070809	HH/HV	Ascending
20071225	HH	Ascending
20080209	HH	Ascending
20080511	HH/HV	Ascending
20080626	HH/HV	Ascending
20080926	HH/HV	Ascending
20081111	HH/HV	Ascending
20081227	HHA	Ascending

7.2　数据处理方法

通常情况下，在灾难性山体滑坡发生前，热点地区可呈现为不稳定坡体。根据上述分析，完全有可能使用 L 波段 ALOS PALSAR 数据来定位和监测这些不稳定滑坡体。

利用 9 景 ALOS PALSAR 数据分析香港地区不稳定滑坡体的数据处理流程及方法如下。

7.2.1　InSAR 数据预处理

根据 ALOS PALSAR 平台工作模式，FBS 和 FBD 是两种主要的精细分辨率数据。由于这两种数据具有相同的中心频率，距离向重叠的带宽使得 FBS-FBD 交叉干涉成为可能，进一步增强了平台干涉能力。考虑到小数据量，本研究中我们采用了相干目标法（Mora et al.，2003）进行地表形变反演，干涉图中任何两相邻点相位差可以表示为

$$\delta\phi_{\mathrm{int}} = \delta\phi_{\mathrm{flat}} + \delta\phi_{\mathrm{topo}} + \delta\phi_{\mathrm{mov}} + \delta\phi_{\mathrm{atm}} + \delta\phi_{\mathrm{noise}} \qquad (7.1)$$

式中，$\delta\phi_{\mathrm{flat}}$ 和 $\delta\phi_{\mathrm{topo}}$ 分别为平地和地形相位；$\delta\phi_{\mathrm{mov}}$ 为在雷达视向的地表形变相位；$\delta\phi_{\mathrm{atm}}$ 为大气延迟相位；$\delta\phi_{\mathrm{noise}}$ 则为噪声相位。$\delta\phi_{\mathrm{flat}}$ 和 $\delta\phi_{\mathrm{topo}}$ 都可利用已知参数加以解析表示。由于它们跟地表形变没有关系，因此可综合利用卫星轨道参数和参考 DEM 数据加以估计和去除。

7.2.2　地表形变监测

如上所述，地表形变反演采用了相干目标法，该 PS-InSAR 法在较小数据量情况下，也能获得较为稳健的形变场，方法技术流程可以参见第 4.3 节或参考文献（Mora et al.，2003）。为了获取更佳结果，我们对该方法进行了一定的扩展，主要包括高相干目标点选取和基于分块形变场反演。

在高相干目标点提取阶段，我们首先使用相干系数法式（4.6）来获取初始目标点。相干系数法通过多视处理，在降低分辨率的前提下，增强了干涉图信噪比。然而随着视

数的增加，一些较小空间尺度的目标点将被抑制。为了综合考虑不稳定滑坡体检测区域大小和相干目标点提取质量，需要对视数大小进行折中选取。在本研究中，我们采用了 1×3 窗口大小，即对应地面空间分辨率为 10m 或更高。为了抑制因过小视数窗口引入的低质量相干目标点，我们采用幅度法［式(4.4)］来进一步筛选高质量的相干目标点。实验证明，综合利用相干系数法和幅度法能获取高置信度的相干目标点。

相干目标法工作机理：首先使用相邻高相干目标点建立 Delauney 网，然后采用邻域网络形变模型，以垂直空间基线、时间基线和差分相位作为参数反演获取线性形变速率和高程误差。邻域形变模型要求任何相邻相干点距离小于大气相干距离，如对于 C 波段来说通常定义为 1km；因此对于若干独立高相干区（受低相干山体隔断）就很难使用单一参考点进行线性形变场统一反演。为此，我们提出了分块处理策略，即假设每个分块区都具有一个已知形变量或无形变目标作为参考点，然后对各个分块区形变场进行单独反演，最后再对分区形变场进行融合、镶嵌。该方法不仅使得获取整个场景地表沉降信息成为可能，而且也降低了单一参考点引入的系统传递误差。接下来，对残余相位中的非线性形变和大气延迟相位进行分离，即首先对去除线性形变和高程误差的残余相位进行相位解缠(Costantini, 1998)，然后利用非线性形变和大气信号在空间、时间域上的不同特性，使用滤波器加以估计和分离。

7.2.3 不稳定滑坡体检测

当获取实验区地表形变场之后，不稳定滑坡体就可使用以下两大原则进行提取：①高相干目标区形变速率绝对值大于预定的阈值 T_{def}；②利用 DEM 数据分析实验区坡度图，提取那些毗邻居民地，坡度又大于预定阈值的陡峭坡体，如坡度 15°（这些区域山体滑坡能产生严重的人员伤亡和经济损失，需要优先加以管理和维护）。

7.3 结果及讨论

7.3.1 地表形变图

使用相干系数、幅度离散度及强度阈值（即相干系数大于 0.4，辐射离散度小于 0.25，辐射值大于 SAR 影像辐射均值），采用分块相干目标法，获取覆盖香港整个实验区 94115 个高相干目标点速度场，如图 7.4 所示。需要指出的是，在 FBS 和 FBD 两种模式数据交叉干涉过程中，FBD 中的 HV 极化数据直接给予丢弃，然后对 FBD 的 HH 极化数据进行距离向 2 倍过采样，以此来完成两种模式 HH 极化数据干涉。从图 7.4 可见，尽管使用了一个高的相干系数阈值(0.4)，实验仍然获取了覆盖整个香港地区充足高相干目标点；得益于 L 波段良好时间去相干保持能力，在那些对 C 波段 ENVISAT ASAR 数据的低相干稀疏植被区，我们亦获得了足够的相干目标点，这为利用雷达干涉开展不稳定滑坡体监测提供物理基础。从反演结果看，香港区在 2007～2008 年期间，地表形变速率主要集中在 $-15 \sim 15$mm/a。我们发现，那些新近的填海区，例如，香港国际机场和香港科学园，都呈现为比较明显的沉降量，数值主要为 $-15 \sim -10$mm/a。其他典型地表形变区主要集中在那些稀疏植被的坡度区,因为它们的不稳定易触发山体滑坡甚至演化为泥石流,是本研究关注对象。此外,图中发现有两处地表抬升区,包括荃湾、葵涌和大围,由于此次试验仅使用了 9 景数据,数据量不足容易造成反演结果不稳健,尤其是大气相位估计,因此我们解释这两个区域地表抬升是由地形误差和大气迟延相位区域误差共同引入的。

7.3.2 不稳定滑坡体检测结果

因用地紧张,在地形起伏的城镇化过度开发区,因亚热带风暴黑雨袭击,极易触发严重山体滑坡。从地质角度分析,香港地区火成岩风化严重,部分区域已经演变成具有少量黏土的覆盖厚层。这些覆盖层黏性弱、抗剪切力差,坡体在外力因素影响下(如热带风暴的黑雨)容易失去部分承载力,进而导致坡体不稳定,在山区沟谷区域甚至暴发泥石流。

在雷达干涉监测实验中,我们选用预先定义的阈值,即年均形变速率绝对值大于 15mm/a、坡度大于 $15°$,便可获取研究目标感兴趣区。总体而言,香港地区山体滑坡是由两种因素共同作用、主导,包括降水量和陆地参数(坡度角、坡向、高程、剖面曲率、岩性和植被覆盖)。由于陆地参数在一定时间内较为稳定,因此我们相信当地的降水量跟不稳定滑坡具有较为紧密关系,该结论将在屯门和大屿山差分雷达干涉形变监测实验中得到验证,研究子区分别如图 7.3 白色箭头所示。

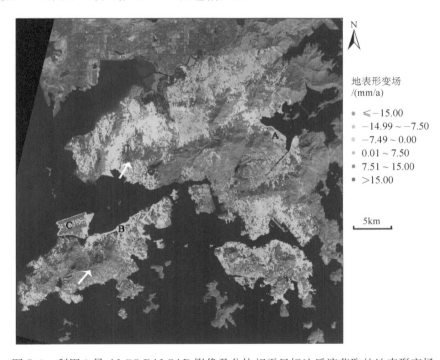

图 7.3 利用 9 景 ALOS PALSAR 影像及分块相干目标法反演获取的地表形变场

第一个案例区为香港屯门。在 2008 年 6 月 7 日,香港因热带风暴遭受了黑雨袭击,该区域发生了滑坡,导致两名人员死亡。图 7.4(a)展示了屯门详细地表形变速率图。在

2006 年 11 月，屯门附近的大榄山发生了森林火灾，烧毁林地面积及形状同发生显著地表形变区域非常吻合，如图 7.4(b)所示。植被烧毁导致地表直接裸露，增强了外力对该区域的侵蚀作用，进而加速了地表形变量。案例区岩性为第四纪沉积物和晚侏罗世-早白垩世花岗岩。稀疏植被及严重风化作用产生了平行于岩床下垫面的疏松覆盖层。该表层稳定性容易受表层径流、入侵表层地下水(沿下坡面方向)共同影响。当这一外力超过了覆盖表层的承载范围，山体滑坡便发生。Parry 和 Campbell(2007)研究了该区域地表形变和山体滑坡之间的关系。研究表明，在屯门附近大量缓慢运动山体滑坡表现为活跃形变特征，并且同结构力学的转换拉伸和压缩相关。此外，他们还发现在香港的干季，即 10 月到次年 3 月，滑坡体并无明显形变；反之明显形变存在于雨季，并认为香港地区的地表形变跟山体滑坡紧密相关。为了进一步验证雨季对不稳定滑坡体的触发影响，我们分析了屯门一高相干目标点 P36817 形变时间序列，如图 7.4(c)所示。从中发现，在 2007～2008 年的雨季，该点形变发生了加速，尤其在 2008 年 6 月黑雨事件时间前后，估计累计形变量达到－8mm，即在该 46 天发生的形变速率(约－64mm/a)要明显高于该点在整个观测期－25.37mm/a 的形变均值。

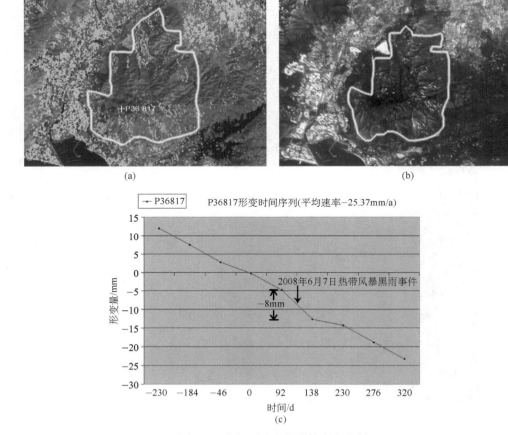

(a)   (b)

图 7.4　屯门不稳定滑坡体研究案例

(a)差分雷达干涉反演获取的地表年平均形变速率；(b)福卫 2 号卫星数据标识的 2006 年 11 月大榄山森林火灾受损面积和形状；(c)P36817 形变时间序列图，其中 2008 年 2 月获取影像作为主影像

第二案例是香港大屿山。图 7.5(a)展示了该区域差分雷达干涉反演获取的地表年形变速率图。从中可以发现在观测时间段内,大屿山陡峭坡体存在明显的地表形变,这也同 2008 年 6 月 7 日发生的 400 余次山体滑坡事件相符。该区域的岩性同屯门类似,是由第四纪沉积物和晚侏罗世-白垩纪火山岩组成。相对花岗岩而言,火山岩剖面更易演变为不稳定坡体。陡峭坡体上覆盖的厚层风化土壤和碎岩,在外力作用下可形成山体滑坡。图 7.5(b)展示了研究子区高相干目标点 P71392 在观测周期内形变时间序列。该点反演获取的年平均形变速率为 −18.83mm/a,而在 2008 年黑雨事件前后的 46 天内累计形变量约为 −7mm(约−56mm/a),表征在暴雨袭击下,该点形变也发生了加速。

从屯门和大屿山两者案例分析,我们初步总结如下:当坡体覆盖层不稳固时,强降水能在一定程度上加速陡峭坡体的形变趋势。

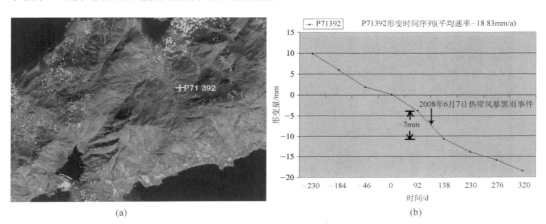

(a)   (b)

图 7.5   大屿山不稳定坡体案例
(a)差分雷达干涉反演获取的地表形变场;(b)P71392 高相干点形变时间序列,
其中以获取时间 2008 年 2 月作为基准影像

7.3.3   验证和比较

实地验证方面,我们收集了三个地区的精密水准测量数据作为差分雷达干涉测量结果交叉校对数据源,它们的位置如图 7.3 中的 A,B,C 所示。其中 A 对应香港中文大学校园区,该区域地表基本稳定,在观测 2007～2008 年时间段,年形变速率为 −5～5mm/a,而差分雷达干涉测量结果是 −7.5～7.5mm/a。B 位于青屿干线,该区域水准观测获取的年形变量为 −1～2mm/a,同差分干涉测量结果(−3～4mm/a)基本吻合。C 水准测量观测点对应香港国际机场,观测结果也同差分干涉测量结果一致,都为 −15～−5mm/a。此外长波段数据的使用,增强了稀疏植被区监测能力,然而由于数据量有限,反演精度和可靠性还有待进一步加强。例如,随着数据量的增加,大气延迟相位的精确估计能进一步提升形变反演精度。

接下来,我们对 L 波段 ALOS PALSAR 和 C 波段 ENVISAT ASAR 进行性能比较:①在干涉成图方向,L 波段受时间、空间去相干影响小,因此能获取高信噪比的相干纹图。②PALSAR标称的空间分辨率要优于 ENVISAR ASAR,即 FBS 模式的 10m 对应 ENVISAT ASAR 的 25m，能改善干涉图空间分辨率(Sandwell et al.,2008)。③在长时间缓慢地表形变反演方面，PALSAR 能提取稀疏植被区地表形变信息。作为实验交叉验证，我们采用获取时间为 2007 年 2 月至 2008 年 12 月的 ENVISAT ASAR (Frame 0441，Track25)17 景数据，利用 GAMMA IPTA(Wegmuller and Wiesmann,2003)提取了香港大屿山地区地表年形变速率。对比实验表明，两种卫星数据反演获取的地表形变场模式基本相同，然而对照 L 波段的 PALSAR 结果发现，C 波段的 ENVISAT ASAR 只能获得居民地及附属目标的地表信息，如图 7.6 所示。此外还发现，PALSAR 反演地表形变速度绝对值要明显大于 ENVISAT ASAR 结果，即约为 1.2～1.3 倍。我们解释为这是由长波信号和 SAR 影像小数据量两个因素共同决定的：首先从机理上长波数据反演形变精度要逊于短波(精度正比于波长)；其次，小数据量 SAR 影像使得利用相干目标法反演大气延迟相位不够稳健，进而降低了获取结果的总体精度。

(a) L波段ALOS PALSAR数据反演获取的结果　　(b) C波段ENVISAT ASAR数据反演获取的结果

图 7.6　大屿山区地表形变场比较实验图

相对 PALSAR 而言，ENVISAT ASAR 只能在居民地等人工设施区域获取地表形变信息

7.4　结　　论

总体而言，差分雷达干涉测量，尤其是基于长时间序列的 PS-InSAR 为我们提供了一种获取高分辨率(米级)、宽覆盖(几百至上千平方千米)、高精度(厘米至毫米级)地表形变信息的技术。长波段 SAR 数据在稀疏植被覆盖的不稳定滑坡体监测及预警应用中具有独特优势。本实验以香港特别行政区为研究对象，采用相干目标法获取了该区域地表年形变速率场，从而为提取不稳定滑坡体提供了可判断依据。从屯门和大屿山两个案例分析表明，除了陆地参数之外，强降水对滑坡体的不稳定性具有触发作用。本研究成果可为政府决策者提供危险不稳定坡体的位置预报，进而为实地验证和坡体加固提供先验知识。我们亦希望此成果能对我国其他多云多雨地区山体滑坡监测提供参考，如我国西南地区的云南、贵州和四川。

参 考 文 献

Barboux C. 2011. TSX InSAR assessment for slope instabilities monitoring in Alpine periglacial environment (Western Swiss Alps, Switzerland). In: Fringes 2011, Frascati, Italy, 19-23 Septmeber

Chen H, Lee C F. 2004. Geohazards of slope mass movement and its prevention in Hong Kong. Engineering Geology, 76: 3～25

Colesanti C, Wasowski J. 2006. Investigating landslides with spaceborne synthetic aperture radar (SAR) interferometry. Engineering Geology, 88: 173～199

Costantini M. 1998. A novel phase unwrapping method based on network programming. IEEE Transactions on Geoscience and Remote Sensing, 36(3):813～821

Dai F C, Lee C F. 2002. Landslide characteristics and slope instability modeling using GIS, Lantau Island, Hong Kong. Geomorphology, 42:213～228

Evans N C, King J P. 1998. Natural Terrain Landslide Study Debris Avalanches Susceptibility. Technical Note TN 1/98, Geotechnical Engineering Office, Hong Kong, 96

Ferretti A, Prati C, Rocca F. 2000. Nonlinear subsidence rate estimation using permanent scatterers in differential SAR interferometry. IEEE Transactions on Geoscience and Remote Sensing, 38(5): 2202～2212

Guzzetti F, Manunta M, Ardizzone F, et al. 2009. Analysis of ground deformation detected using the SBAS-DInSAR technique in Umbria, Central Italy. Pure and Applied Geophysics, 166(8-9): 1425～1459

Luzi G, Pieraccini M, Mecatti D, et al. 2007. Monitoring of an alpine glacier by means of ground-based SAR interferometry. IEEE Geocience and Remote Sensing Letters, 4(3):495～499

Manunta M, Marsella M, Zeni G, et al. 2008. Two-scale surface deformation analysis using the SBAS-DInSAR technique: a case study of the city of Rome, Italy. International Journal of Remote Sensing, 29(6):1665～1684

Mora O, Mallorqui J J, Broquetas A. 2003. Linear and nonlinear terrain deformation maps from a reduced set of interferometric SAR images. IEEE Transactions on Geoscience and Remote Sensing, 41(10):2243～2252

Ng K C, Parry S, King J P,et al. 2002. Guidelines for Natural Terrain Hazard Studies. Special Project Report, SPR 1/2002, Geotechnical Engineering Office, Hong Kong, 136

Parry S, Campbell S. D. G. 2007. Deformation associated with a slow moving landslide, Tuen Mun, Hong Kong, China. Bulletin of Engineering Geology and the Environment, 66(2): 135～141

Sandwell D. T, Myer D, Mellors R,et al. 2008. Accuracy and resolution of ALOS interferometry: vector deformation maps of the Father's Day intrusion at Kilauea. IEEE Transactions on Geoscience and Remote Sensing, 46(11): 3524～3534

Strozzi T, Wegmuller U, Keusen H, et al. 2006. Analysis of the terrain displacement along a funicular by SAR interferometry. IEEE Geoscience and Remote Sensing Letters, 3(1): 15～18

Wegmuller U, Wiesmann A. 2003. Potential of Interferometry Point Target Analysis using Small Data Stacks. In: Third International Workshop on ERS SAR Interferometry (Fringes 2003), Frascati, Italy, 1-5 December

第 8 章　大型线状人工地物形变反演

随着人类社会经济快速发展，大型线状人工地物已成为人地关系的重要标志，与人类生活紧密相连。大型线状人工地物具有较广泛内涵，包括：大江河流的护堤和大坝，连接城市、居住地的高速公路、铁路以及大桥，市政交通的地铁、轻轨，以及能源、物流领域的大型输油气管线等，如图 8.1 所示。大型线状人工地物犹如人类居住地球的动脉，永不停息地承载着能量和物质转换。考虑其重要性，在 2008 年我国推出的国民经济振兴 4 万亿元投资计划中，大型线状地物建设及更新就占到了相当大的比重。以铁路网规划为例，到 2010 年批准新建铁路超过 4 万 km，总投资达到 4 万亿元；到 2020 年铁路建设投资总规模将突破 5 万亿元，铁路营业里程将超过 12 万 km[①]。

图 8.1　人类生活中的大型线状人工地物

鉴于自然和人类活动共同影响，这些大型线状人工地物正面临严重的形变问题，主要表现在：铁路路段起伏，桥梁桥墩下陷，地铁施工地面沉降，输油管线断裂等，不仅可使运输物流暂时瘫痪，造成能源浪费（油气泄漏）及环境污染，而且直接威胁着人们生命财产安全。例如，2008 年 11 月 15 日发生的杭州地铁工地塌陷事故，直接造成了严重的生命财产损失（21 人死亡、1 人重伤、3 人轻伤，直接经济损失达 4962 万余元）。鉴于此，实施对这些人工线状地物形变监测就显得尤为重要。地面观测技术，如第 7 章所述，高成本、重复观测周期长等特性制约实时监测能力，并且该技术对于经济不发达或者地势险峻、人力不可达地区容易漏测，如修建于高原冻土地区的青藏铁路。相反，雷达差分干涉技术(DInSAR)通过分析观测区雷达回波相位信息反演地表形变，对应精度为厘米至毫米级

---

① http://www.tieliu.com.cn/Article/2008/200811/2008-11-17/20081117084613_168988.html

(Gabriel et al.，1989；Massonnet et al.，1993)。该遥感技术不仅受环境影响小，而且能获取观测区域高密度地表形变场。然而，在对长时间缓慢形变及规律进行分析时，传统 DInSAR 受到时间去相干、几何去相干及大气效应的影响。鉴于此，一系列 PS-InSAR(Ferretti et al.，2000；Berardino et al.，2002；Colesanti et al.，2003；Mora et al.，2003；Wegmuller and Wiesmann，2003；Lanari et al.，2004)被相继提出，实践证明它们在大范围地表形变反演应用中是有效的。PS-InSAR 方法在监测大型线状人工地物形变时具有独特优势。在数据源方面，星载 SAR 系统正朝着高分辨率、多极化方向发展，重访周期越来越短，丰富的 SAR 存档数据使得开展长时间缓慢形变监测成为可能。在费用方面，PS-InSAR 技术核心工作可在实验室完成，人力资源耗费少，主要成本集中在数据购买上。在物理散射特性方面，大型线状人工地物几何规则，可构成稳定强散射特性的二面角、三面角等并在雷达影像上表现为永久散射体或高相干点，方便开展基于点目标分析的 PS-InSAR 技术。

然而，考虑大型线状人工地物几何和物理特性，使用 PS-InSAR 方法监测形变便会衍生一系列问题：当前发展的 PS-InSAR 方法有哪些局限，哪些环节需要有针对性地改善和发展？SAR 数据分辨率、波长等参数如何选取？在本章我们首先从国内外相关专题研究进展出发，首次尝试使用不同星载雷达数据，通过对实验区大型线状人工地物形变监测案例分析，探索和回答这些科学问题。

8.1 研 究 进 展

大型线状人工地物是个较新的概念。自从 2010 年 1 月在香港中文大学太空与地球信息科学研究所主办监测大型线状人工地物形变的空间信息技术国际研讨会以来，PS-InSAR 技术在该领域的研究和应用便应运而生。

图 8.2 利用高分辨率 TerraSAR-X 反演获取单一建筑物形变及其高程信息(Adam et al.，2009)

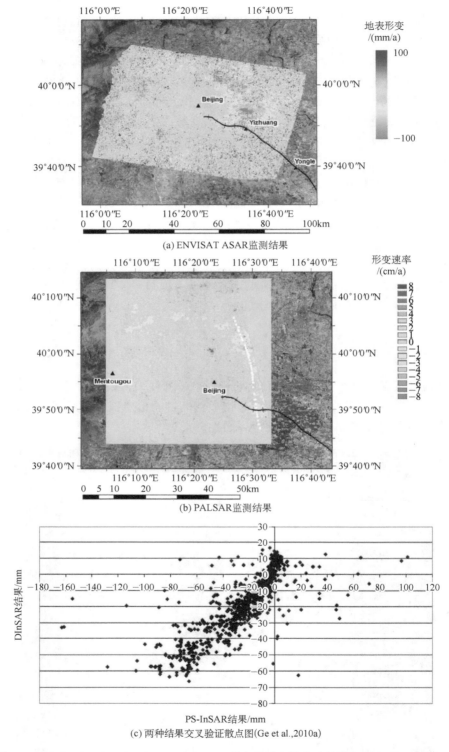

(a) ENVISAT ASAR监测结果

(b) PALSAR监测结果

(c) 两种结果交叉验证散点图(Ge et al.,2010a)

图 8.3　ENVISAT ASAR，ALOS PALSAR 联合监测京津高速铁路及周边地区地表沉降

目前国际前沿研究主要集中在三大方向：①高分辨率，即结合三维建模和层析技术，设计新型 PS 点提取方法和精密形变监测模型，如图 8.2 所示，利用高分辨率 Terra-SAR-X spotlight 1m 分辨率数据和 PS-InSAR 模型反演获取了单一建筑物的形变和高程分布信息（Adam et al.，2009）。②多源 SAR 数据集成，即多波段、多分辨率、多极化数据集成能更大程度上提取大型线状目标的三维空间信息、时空相干变化信息及差分干涉测量信息等，如图 8.3 所示；综合利用 C 波段 ENVISAT ASAR 和 L 波段 ALOS PAL-SAR 数据研究了京津高铁沿线地表沉降情况（Ge et al.，2010a）。③新型 PS-InSAR 算法研发，以 QPS 方法为代表，提高 PS 候选点空间分布密度，便于提取低相干区地表信息，如图 8.4 所示，利用 TerraSAR-X stripmap 模式数据及 QPS 方法，获取了三峡大坝及其周边附属物的形变和高程信息（Wang et al.，2010）。

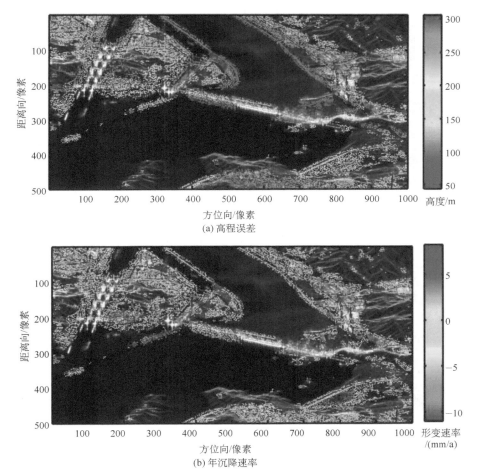

图 8.4　TerraSAR-X stripmap 监测三峡大坝及周边附属物地表形变和高程（Wang et al.，2010）

国内相关研究结合我国高速交通网快速发展现状，以行业需求为驱动，目前研究的热点主要集中在高分辨率星载 SAR 数据的应用，即以中分辨率 SAR 数据处理方法为基础，系统性地研究高分辨率 PS-InSAR 相关理论和关键技术。具体研究成果以葛大庆等（Ge et al.，2010b）和刘国祥等（Liu et al.，2011）为代表。他们在研究中都采用了 TerraSAR-X 数据，其中葛大庆关注的研究区为京津高铁，如图 8.5 所示；而刘国祥关注的是京沪高铁，如图 8.6 所示。

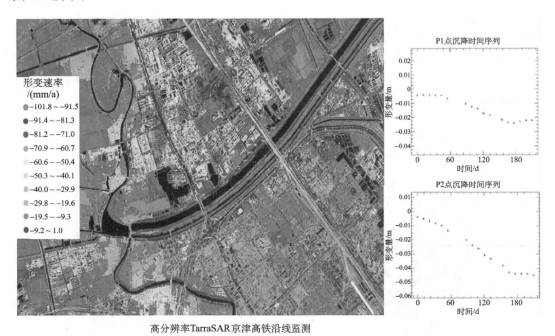

高分辨率TarraSAR京津高铁沿线监测

图 8.5 TerraSAR-X 京津高铁沿线地表沉降监测（Ge et al.，2010b）

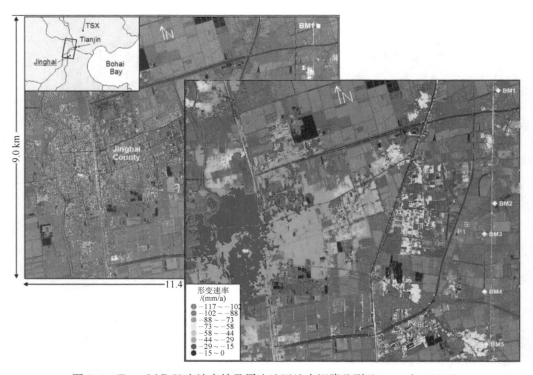

图 8.6 TerraSAR-X 京沪高铁及周边地区地表沉降监测（Liu et al.，2011）

8.2 珠江三角洲大型线状人工
地物雷达干涉形变监测初探

为了进一步分析 PS-InSAR 方法在监测大型线状人工地物形变上的能力及局限性，我们采用三种星载 InSAR 数据，ENVISAT ASAR，ALOS PALSAR、TerraSAR-X 进行实验，试验区集中在珠江三角洲地区。

8.2.1 ENVISAT ASAR 广州大坦沙地铁施工形变监测

广州大坦沙位于珠江中央，总面积 4.4km²，其中陆地面积 3.28km²，水域面积 1.12km²。岛内交通便利，同时也是广州连接南海、佛山的主要通道。大坦沙及周边数平方千米范围，多次因地质灾害引发工程事故，造成交通中断。2008 年 1 月 22～29 日，大坦沙岛坦尾村西海南路地段相继发生 6 起岩溶地面塌陷地质灾害，造成 7 间房屋倒塌、21 间房屋墙壁开裂和多处地面裂缝、供水供电中断、近千人撤离。2 月 1 日，广州市大坦沙污水处理厂发生面积约 240m² 的地面沉降，给污水处理和周边较大区域供电带来压力。2 月 20 日，广州市第一中学报告学校图书馆出现墙体开裂、运动场地面等多处出现地裂缝地质灾害，3000 多名师生无法正常上课。集中连续出现的地质灾害对当地百姓的生命、财产安全构成威胁。本实验以广州 5，6 地铁线为例，监测该工程引发的地面沉降情况。

10 景 ENVISAT ASAR SLC 影像，数据获取时间为从 2007 年 3 月到 2008 年 5 月，VV 极化，影像序列对应入射角 23°用于本实验。数据空间采样间隔在方位向为 4.05m，距离向为 7.80m。实验选用 IPTA 技术，仅仅针对提取目标点的相位进行分析。由于目标点不受时间和空间去相干影响，因此对于超过临界基线的干涉影像对也能进行信息反演，提高了影像综合处理的时间采样率。IPTA 实施方案大致如下：首先，以空间和时间基线为准则选取主影像，配准多幅重复轨道的雷达影像。其次，根据单幅影像频谱特性和影像序列后向散射稳定性特性，提取目标点。接着，分析点目标的干涉相位，引入迭代概念逐次改进目标散射体地形高度、形变、大气相位延迟和基线。目标点形变速率经 Kriging 插值获取的大坦沙地表形变专题图，如图 8.7 所示，其中 PT1～PT9 为地铁 5 号线和 6 号线沿线的 PS 点；编号 1～3 为大坦沙岛及周边 2007～2008 年地陷事故。表 8.1 详细罗列了 PT1～PT9 点 2007～2008 年线性形变速率情况。参照图 8.7 和表 8.1 发现，5，6 号地铁施工沿线发生了明显的地表沉降现象，沉降速率－13～－26mm/a，并且地陷事故 1，2，3 均发生在地面形变严重区域；有关沉降机理分析及精度评价请参考 Zhao 等(2009)的文献。实验区部分 PS 点表征为地表隆起，主要是由小数据量 SAR 影像 IPTA 形变反演误差引入。此次实验共使用了 10 景 SAR 影像序列，远小于 PS-InSAR 技术 20～25 景标配要求。

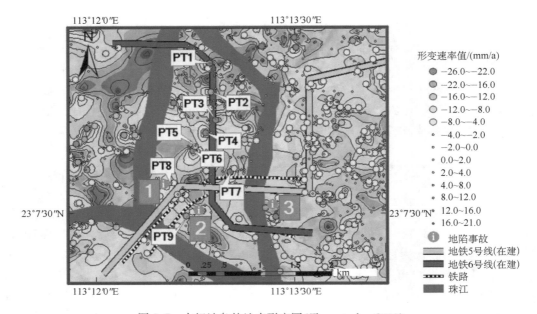

 図例:

形変速率値/(mm/a)
- ● −26.0~−22.0
- ◉ −22.0~−16.0
- ◎ −16.0~−12.0
- ○ −12.0~−8.0
- ○ −8.0~−4.0
- · −4.0~−2.0
- · −2.0~0.0
- · 0.0~2.0
- · 2.0~4.0
- · 4.0~8.0
- · 8.0~12.0
- · 12.0~16.0
- · 16.0~21.0

ⓘ 地陷事故
— 地铁5号线(在建)
— 地铁6号线(在建)
┅ 铁路
— 珠江

图 8.7 大坦沙岛的地表形变图(Zhao et al.，2009)

PT1～PT9 为地铁 5 号线和 6 号线沿线的 PS 点；编号 1～3 为大坦沙岛及周边 2007～2008 年地陷事故

表 8.1 地铁 5 号线和 6 号线沿线 PS 点 PT1～PT9 形变速率

地铁线	点目标	形变速率/(mm/a)
6	PT1	−22.6
6	PT2	−18.2
6	PT3	−23.1
6	PT4	−22.2
6	PT5	−13.7
6	PT6	−26.0
5	PT7	−21.4
5	PT8	−17.3
5	PT9	−17.9
均值		−20.3±3.8

8.2.2 ALOS PALSAR 香港青屿干线形变监测

本实验区为香港大屿山青屿干线，如图 8.8 所示。该干线是香港市区通往香港国际机场的唯一要道。干线一边毗邻海洋，而另一边同山地相接。该区域土壤多为缺乏黏性的砂土，加之火山岩石风化严重，在暴雨尤其是热带风暴袭击下，很容易引发山体滑坡。2008 年 6 月 7 日发生的东涌泥石流就位于该干线附近，造成两人死亡，交通一度堵塞。

图 8.8　香港大屿山青屿干线

　　我们使用 10 景 PALSAR 影像，其中 4 景为 FBS 模式、HH 极化，6 景为 FBD 模式、HH 和 HV 交叉极化。数据接收时间为从 2007 年 2 月至 2008 年 12 月。所有影像对应入射角为 34.3°，升轨模式。FBS 数据空间采样间隔在距离向为 4.68m，方位向 3.17m；FBD 为 9.36m 和 3.17m。PALSAR 数据工作在 L 波段（23.6cm），相对 C 波段的 ENVISAT ASAR 来说，对应更大临界基线。更长的波段能使 PALSAR 电磁波穿透植被层，进而获取地表面信息，因此该系统在植被区域或低相干区能获得比 ENVISAT ASAR 更佳相干图。影像干涉组合垂直基线范围为（-1129，1234）m，时间基线范围为（46，506）天，最小模糊高度为 45m。

　　实验采用了相干目标 PS-InSAR 技术。首先通过适当的基线组合，得到多幅差分干涉图。干涉图一般将空间和时间基线限制在一定范围以保证良好的相干性，并且不要求具有同一主影像。然后，提取相干性稳定的目标点，建立 Delaunay 三角网，根据相邻目标点之间的相位差，建立线性相位模型，解求形变速度增量和高程误差增量。接着，对每个目标点的增量值集成，获取线性形变速度和高程误差。最后，根据时空特性进一步分离残余相位中大气相位和非线性形变量。实验获取青屿干线沿线地表形变场，如图 8.9 所示。从图中发现，尽管该沿线周围存在大量植被区，鉴于 PALSAR 数据良好穿透性，仍然获得了高密度相干点地面沉降图；该结果表明，选用 L 波段 SAR 数据在监测本干线山体滑坡应用中具有良好应用潜力。选用相干系数阈值 0.75，共提取 13 521 个高相干目标点，其中 11 838 个相干目标点上的形变得到反演，获取 2007～2008 年最大地面沉降量在雷达视线向为 -20～-15mm/a。地表沉降由两大因素主导：①香港国际机场填海区。该区域在低荷载的持续作用下，土体蠕变引发地基土缓慢形变。②风化严重的覆盖层。该覆盖层土体缺少黏性，在强降雨或其他外力的触发下容易沿山体缓慢滑动；累积形变严重则可引发山体滑坡或泥石流。

图 8.9　香港大屿山青屿干线沿线地面形变图

8.2.3　TerraSAR-X 深圳地铁 4 号线施工形变监测

深圳地铁 4 号二期工程是深圳铁路扩建工程整体规划的重要组成部分，是现已运行 4 号线地铁一期工程的延伸，从少年宫（少年活动中心）向北延伸到清湖站。4 号线二期工程全长大约 15.8km，包括大约 5km 地下段和 10.8km 地面段及高架段；共设有 10 个车站，包括两个地下车站、一个地面车站和 7 个高架车站。二期工程于 2008 年 8 月动工，于 2010 年完成。

TerraSAR-X 是一颗固态有源相控阵的 X 波段 SAR 卫星，分辨率高达 1m，由德国航天和 Infoterra 公司合作研制，2007 年 6 月成功发射。TerraSAR-X 具有高分辨率、短重返周期、多入射角、多极化模式等特点，提供了 3 种基本成像模式，即 1m 分辨率聚束式（SpotLight），3m 分辨率条带模式（StripMap），以及 16m 分辨率扫描模式（Scan-SAR），覆盖范围 5～150km。本试验收集 2008 年 10 月至 2009 年 5 月期间共 15 景 TerraSAR-X（StripMap 模式）数据，用于研究深圳地铁 4 号线莲（花）上（梅林）段地铁施工引起的地面沉降。

图 8.10 是采用 IPTA 方法提取的该实验区地面形变速率结果，PS 候选点空间分布密度随着分辨率提高得到显著增强，每平方千米高达 4000 个。地铁沿线地面沉降比较明显，沉降速率最大超过 10cm/a，特别是处于建设期间的两地铁车站附近区域。与研究区内 14 个地面水准点（均位于建筑物上）的年均地面沉降速率进行比较，结果表明，平均较差为 0.178cm/a，均方差为 0.977cm/a，两者精度基本一致，如表 8.2 所示；均方差较大主要是因为地下工程挖掘进程影响了 InSAR 线性沉降速率的估算。此外，实验局部区域存在细微抬升，解释如下：①地表形变先验信息不可获取，形变反演参考点选取不当可造成处理误差，表现为局部 PS 点抬升；②TerraSAR-X 空间分辨率高，SAR 影像同低分辨率 DEM 数据配准可引入地形误差；③实验仅使用 15 景 SAR 影像，小数据量 PS-DInSAR 形变分析

产生的大气延迟误差使得部分 PS 点表现为隆起。相比目前常规的 SAR 传感器而言，如 ENVISAT ASAR 和 ERS-1/2 等，高分辨率 TerraSAR-X 能够提取更细节的地面沉降信息；另外，其较短重访周期(11 天)也有利于快速地面沉降的监测。因此，利用 TerraSAR-X 数据监测和研究大型线状人工地物形变具有一定的技术优势。

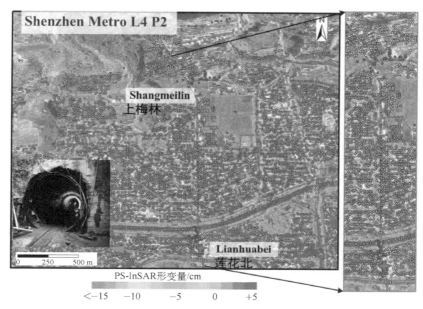

图 8.10　深圳地铁 4 号线莲(花)上(梅林)段地表沉降 IPTA 监测结果
(底图为 TerraSAR-X 强度正射图像)(Jiang and Lin, 2009)

表 8.2　TerraSAR-X 和实地水准测量交叉验证结果

序列号	水准/(cm/a)	PTs/(cm/a)	差值/(cm/a)
1	−8.319	−8.016	−0.303
2	−11.144	−11.587	0.443
3	−6.906	−5.947	−0.959
4	−11.857	−12.207	0.35
5	−5.309	−5.269	−0.04
6	−1.019	−1.167	0.148
7	−9.57	−10.143	0.573
8	−8.282	−10.097	1.815
9	−6.285	−7.288	1.003
10	−17.588	−16.153	−1.435
11	−10.524	−10.51	−0.014
12	−2.033	−1.431	−0.602
13	−5.327	−4.963	−0.364
14	−14.284	−15.392	1.108
15	−0.308	−2.366	2.058
16	−3.44	−2.517	−0.923

8.2.4 实验分析及讨论

应用 ENVISAT ASAR，ALOS PALSAR 和 TerraSAR-X 多时相数据分别对三个实验区的大型线状人工地物进行形变监测，实验结果初步验证精度为厘米至毫米级。小基线集或相干目标方法通常适合小数据量 SAR 影像情形；而永久散射体法则适合大数据量 SAR 影像场合。考虑到 IPTA 模型迭代、参数改正特性，在小数据量情况下，该技术亦能获得较为稳健结果，如 8.2.1 节和 8.2.3 节中的实验。然而随着 SAR 影像增加，大数据量反演必将进一步提高实验区地表形变反演精度和可靠性。引起大型线状人工地物形变包括自然和人类活动两大因素。自然因素主要指地壳运动、风化作用、地下水冲刷作用等。比如，在广州大坦沙岛实验中，由于该区域地下存在石灰岩，地下径流冲刷作用导致浅层地表引发疏松——压缩——下陷现象。而在香港大屿山青屿干线实验中，由于覆盖表层岩石风化严重，土壤黏性不足，热带风暴导致的山体滑坡、潜在的滑坡都能衍生明显的地表形变。2008 年 6 月 7 日热带风暴期间，香港大屿山地区当天就发生山体滑坡 400 余处。相对自然因素而言，人类活动是地表形变最直接驱动力，包括矿物开采、市政建设、地下水抽取、填海造陆、土地利用类型变更等。例如，本节实验广州大坦沙和深圳地铁沿线地表沉降跟市政建设地铁施工直接相关。

当前可获取的星载 InSAR 数据主要包括：X 波段的 TerraSAR，C 波段的 ENVISAT ASAR 和 L 波段的 ALOS PALSAR；对应波长分别为 3cm，5.6cm 和 23.6cm。通常情况下，微波穿透性和垂直临界基线随波长的增加而增加。因此，长波星载 InSAR 数据便于生成更高质量相干图。该特性使得 L 波段 ALOS PALSAR 数据在低相干地区，比如植被区具有独特的优势，这在 8.2.2 节实验中得到了充分的展现。然而，波长越长，相同形变对应的干涉条纹就越稀疏，进而降低地表形变监测精度。Sandwell 等（2008）对 ALOS PALSAR 干涉性能进行了评价。他们的实验证明，PALSAR 在雷达视向上的误差为 ERS 的 1.5 倍，优于波长直接估计法的 4 倍。因此在 8.2.1 节和 8.2.3 节实验城市地铁施工形变监测中，在相干性得到保证前提下，分别采用了较短波长的 ENVISAT ASAR 和 TerraSAR-X 数据。此外，TerraSAR-X 具有更短重访周期，增强了 DInSAR 快速地面沉降的监测能力。随着星载 SAR 技术发展，SAR 影像空间分辨率越来越高，如 TerraSAR-X 分辨率达到 1～3m，比 ALOS PALSAR（约 10m）、ENVISAT ASAR（25～30m）明显提高。高分辨率数据能更好地辨别地物散射体，兼顾大型线状人工地物几何特性（大的长/宽比），采用高分辨率 SAR 数据能同时提高目标几何定位和形变反演的精度。

综上所述，采用 PS-InSAR 技术对大型线状人工地物进行形变监测时，我们建议对于低相干区选用长波 SAR 数据（如 ALOS PALSAR）以获取稳健反演结果；而对于高相干城市区选用短波 TerraSAR-X 或 ENVISAT ASAR 数据，以获取高精度地表形变场。

根据大型线状人工地物特性及上述 PS-InSAR 形变反演结果，当使用多基线 DInSAR 监测其形变时，得出以下几点结论：

（1）先验基础 GIS 数据及 GPS 数据。大型线状人工地物建设期间往往积累了很多 GIS 数据，包括地物规划线划图、地质调查专题图、评估质量报告及图表。这些数据不仅给出了线状地物精确地理位置，而且也囊括了施工进程中地质构造信息。GPS 能提供高时间采样率、高精度的观测数据，是 DInSAR 反演精度交叉验证的良好数据源。因此，在对大型线状人工地物形变监测时，可综合使用先验基础 GIS 数据和 GPS 观测数据。

（2）SAR 数据选择。首先是卫星轨道倾角选择。针对线状地物（桥梁、高速公路、水库大坝），当卫星飞行轨道同线状地物走向大致平行时，由于二面角反射，地物在雷达图像上表现为强散射体。这能增加监测地物沿线强散射点或高相干点数量。其次，考虑到线状地物宽度尺度小，为了获取理想反演结果，在满足相干性的前提下，建议采用高空间分辨率 SAR 数据，比如 TerraSAR-X 或 COSMO-SkyMed。

（3）PS 点提取。为了反演地表形变，提取人工线状地物沿线大量 PS 点至关重要。这时，常规 PS 提取算法，例如，幅度法和相干系数法或许不能满足沿线 PS 点提取需要。考虑全极化 SAR 数据包含丰富的目标散射特性，发展一种基于极化散射特性的 PS 提取方法以增强 PS 点数量和质量，具有较好科研价值和应用潜力（Schneider and Papathanassiou，2007；Neumann et al.，2008）。

（4）模型改进。当前 PS-InSAR 方法其初衷是使用长时间序列 SAR 影像反演大范围地表形变，因此这些方法在大型线状人工地物形变监测应用上会遇到局限性。人工线状地物 PS 点的保留便是问题之一。例如，在香港大屿山青屿干线实验中，初始的 PS 点数量经过模型反演由 13 521 递减为 11 838。PS 点递减是由于线状人工地物沿线 PS 点的形变模型衡量指标低于邻近地物，因此它们在模型解算中受到抑制，甚至被剔除。鉴于此，发展一种适用于大型线状人工地物多基线 DInSAR 反演模型就具有较好科研价值和现实意义。

8.3　香港青屿干线 PS-InSAR 分析

近些年来，尽管以永久散射体为代表的 PS-InSAR 方法获取了长足的进步和发展（Ferretti et al.，2000；Wegmuller and Wiesmann，2003；Lanari et al.，2004）；然而目前开展的工作基本无考虑大型线状人工地物特殊的几何特性（如大的长宽比）（Hanssen and Vanleijen，2008），因此很有必要对现行的 PS-InSAR 方法进行更为深入研究。鉴于此，我们以香港青屿干线为实验对象，较为详细地分析了当前相干目标法和 IPTA 法在获取沿线地表形变信息的能力。有关相干目标法和 IPTA 法的技术介绍参见 4.3 节和 4.4 节。

8.3.1　实验区及数据

青屿干线连接着香港国际机场和香港城区，该高速公路修建的一边毗邻陡峭的山地，另一边则靠近海洋。实地考察发现，该沿线火山岩风化严重，并且地表覆盖为缺少黏性土壤的覆盖层。这种类型的覆盖表层在热带风暴强降水的袭击下，很容易触发不稳定滑坡体，甚至泥石流。

实验数据为 17 景，IS2，Track25 的 ENVISAT ASAR 多时相影像序列，获取时间为 2007 年 2 月至 2008 年 12 月，详细参数见表 8.3。所有数据对应的入射角为 23°，空间采样间隔在方位向和距离向分别为 4.05m 和 7.80m。

表 8.3 研究中所采用 17 景 IS2 模式，Track25 数据参数（获取时间为 2007 年 2 月至 2008 年 12 月）

序列	获取时间(年月日)	轨道号
1	20070228	26131
2	20070404	26632
3	20070509	27133
4	20070613	27634
5	20070718	28135
6	20070822	28636
7	20071031	29638
8	20071205	30139
9	20080109	30640
10	20080213	31141
11	20080319	31642
12	20080423	32143
13	20080702	33145
14	20080806	33646
15	20081015	34648
16	20081119	35149
17	20081224	35650

8.3.2 实 验 结 果

数据处理分为两大部分。第一部分采用相干目标法（Wu et al.，2008），即首先使用空间基线距阈值（300m），共获取 95 对干涉图（针对 ENVISAT ASAR，进行 4×20 多视处理）；然后使用 0.3 平均相干系数阈值提取 1420 个高相干目标点；接下来，使用基于邻域 Delauney 网络，反演获取速度和高程误差增量场；最终速度场和高程误差可以通过增量积分集成获得；实验区年形变速率场，如图 8.11 所示。图中右上端存在一个抬升区域（红色椭圆标示），该区域为填海区，实测数据表征为缓慢下降，因此图 8.11 结果从机理解释为不合理，需要后续 8.3.3 节加以深入分析。第二部分，利用 GAMMA IPTA 模块，反演获取实验区对应年形变速率场，如图 8.12 所示。IPTA 共提取 2359 个 PS 点，对应地表形变速率同相干目标法一致，均为 -15～10mm/a。

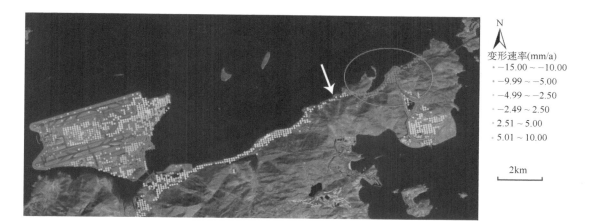

图 8.11　基于相干目标法提取的地表年形变速率图

图中红色椭圆表征反演结果不合理区域(由相位阶跃误差传递造成);白色箭头标示发生相位阶跃目标点群

图 8.12　基于 IPTA 法提取的地表年形变速率图

8.3.3　相位阶跃检测和校正

在雷达干涉相位延迟计算过程中,需要对 $2k\pi$ 进行还原,由此引发的相位阶跃是干涉处理局限之一。对于 C 波段的 ENVISAT ASAR 数据,一个周期相位阶跃对应雷达视向 28.1mm 的形变量。对于数据观测覆盖为 1.825 年来说,计算一个相位阶跃能导致 15.4mm/a 的速率估计偏差。图 8.11 红色椭圆标示抬升的机理解释是不合理的,且该区域对应香港大屿山欣澳填海区(地面实测数据表征该区域存在缓慢地表沉降)。当对该区域形变速率值进行相位阶跃校正后,欣澳站附近则表征为沉降区,速率为从 $-9.5 \sim -1.2$mm/a,同实测水准数据相吻合。然而实际作业中,形变先验知识不可获取,很难检测和定位相位阶跃现象。总体而言,相位阶跃是由低质量相干候选点在形变反演的速率增量集成期间发生系统误差传递引入的。当高相干候选点空间分布密度足够高时,低质量的相干目标点噪声可通过 Delauney 网络的连接加以抑制；相反，当高相干候选点空间分布稀疏时，相位阶跃很容易在速率增量集成阶段，以误差传递的形式传导给后续高相干目标点，进而引发后续高相干区形变反演值发生一个周期阶跃。

大型线状人工地物长宽比几何特性决定目标穿越传统低相干区（如稀疏植被区），沿线高相干目标点空间分布往往较为稀疏。为了避免上述相位阶跃现象的发生和误差传递，就需要引入双阈值函数模型来探测低相干目标点，然后通过分段速率集成，完成实验区地表形变场的最终提取，如式（8.1）和式（8.2）所示。

$$\max\rho = \frac{1}{M}\sum_{i=1}^{M}\cos(\Delta\bar{\omega}_i) \tag{8.1}$$

$$\begin{aligned}\max\gamma &= \frac{1}{M}\sum_{i=1}^{M}\exp(j\cdot\Delta\bar{\omega}_i) = \frac{1}{M}\left|\sum_{i=1}^{M}\cos(\Delta\bar{\omega}_i) + j\cdot\sum_{i=1}^{M}\sin(\Delta\bar{\omega}_i)\right| \\ &= \frac{1}{M}\cdot\sqrt{\left(\sum_{i=1}^{M}\cos(\Delta\bar{\omega}_i)\right)^2 + \left(\sum_{i=1}^{M}\sin(\Delta\bar{\omega}_i)\right)^2} \\ &= \frac{1}{M}\cdot\sqrt{M + 2\cdot\sum_{i=1}^{M-1}\sum_{k=i+1}^{M}\cos(\Delta\bar{\omega}_i - \Delta\bar{\omega}_j)}\end{aligned} \tag{8.2}$$

式（8.1）为吴涛等（2008）所采用的余弦相干函数模型，表征模型相位同差分邻域增量之间的最佳拟合；式（8.2）对应 Mora 等（2003）的时间相干函数模型，表征所有干涉对组合模型相位同差分邻域增量相位的一致性（稳定性），相对式（8.1）而言，后者在处理速率增量和高程增量时，同时兼顾了参数估算的准确度和精确度指标。在本研究中，我们综合余弦和时间相干函数模型的优点，通过双阈值函数模型来检测低质量相干目标点。例如，图 8.11 白色箭头所指相干点群，使用余弦函数模型计算数值大于 0.7；而当使用时间相干模型时，计算数值为 0.53～0.67。因此通过双阈值（两种模型相干值均大于0.7），则箭头所指的低质量目标点可以被识别和提取，进而可通过两个独立控制点完成左右两段青屿干线地表形变场解求。经上述处理，基于相干目标法青屿干线年形变速率图，如图 8.13 所示，右上端不合理抬升区已得到校正。

图 8.13　基于相干目标法反演获取并作校正后的青屿干线地表年形变速率图

当相位阶跃校正之后，由相干目标法和 IPTA 法反演获取的地表速率场模式具有很好一致性。在 $50m \times 50m$ 规则格网，使用最近邻方法选取共同目标点并比对，发现两者的差值为 $-3 \sim 3mm/a$；同时发现 IPTA 结果噪声点较多，主要是由小数据量 SAR 影像决定的。图 8.14 表征地表形变场两者之间的散点图，从拟合函数的相关系数 0.7 和标准偏差 2.28mm/a 发现，IPTA 法相对相干目标法形变速率发生低估。同时由于采用了多视处理，相干目标法在牺牲空间分辨率的前提下能获取比 IPTA 法更为平滑的结果，即该方法获取的目标点形变值对应 $100m \times 100m$ 范围内所有散射体形变的均值。从这个角度分析，当线状目标宽度较为狭窄时，原始空间分辨率的 IPTA 法在保持空间细节方面具有优势。

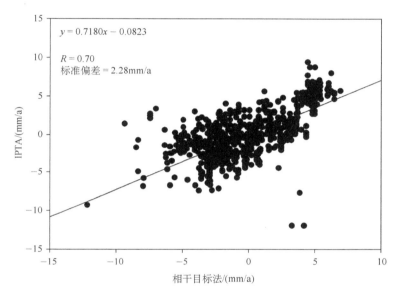

图 8.14　相干目标法和 IPTA 法反演获取青屿干线地表年形变速率散点图

8.3.4　讨　　论

从青屿干线地表形变监测案例，我们发现，当线状目标沿线高相干目标点空间分布较为稀疏时，相位阶跃现象值得关注和控制。总体而言，相干目标法和 IPTA 法的选择，是由监测空间分辨率需求和获取 SAR 影像数量共同决定的；前者在小数据量干涉处理具有优势，后者可获取更高分辨率形变监测结果。在利用雷达干涉技术监测大型线状人工地物形变模式时，点目标空间分布密度至关重要；提高候选点空间分布密度的途径包括：选用高分辨率 SAR(如 TerraSAR，COSMO-SkyMed)，长波 SAR(ALOS PALSAR)数据，布设角反射器及多传感器集成。

8.4　小　　结

SAR 是现代遥感领域的一项新技术，其全天时、全天候工作能力彰显出其在防灾、减灾中的巨大潜力。随着 SAR 技术的不断成熟与发展，星载 SAR 系统的分辨率不断提高，从早期的 20m 左右发展到目前的 1m。PS-InSAR 方法克服了传统 DInSAR 时间去相干、几何去相干及大气效应的影响，在监测大型线状人工地物形变时具有独特优势。然而，考虑大型线状人工地物几何、物理特性，使用 PS-InSAR 方法监测形变便会衍生一系列局限性，如何有效地集成利用基础 GIS 和 GPS 观测数据，开发一种面向于大型线状人工地物多基线 DInSAR 模型需要深入研究。高分辨率 SAR 影像的出现（以 Terra-SAR-X、COSMO-SkyMed 为代表），为 SAR 卫星快速响应自然灾害，实现灾害监测与预警提供了机遇和挑战。高分辨率 SAR 数据能提取监测目标上更多的 PS 目标点，增强形变反演模型的稳健性和细节提取能力，进而可精确定位感兴趣靶区地理位置，获取近实时形变时间序列和演化规律。然而，目前对高分辨率 SAR 数据理解和研究还不够深入，如高分辨率 PS 点提取、多次散射相位失真等均需要及时加以探索和攻关。

随着对地观测和导航技术的迅速发展，综合利用 GNSS（global navigation satellite system）和雷达干涉技术实施地表形变监测的时机已经到来。国际、国内本领域现阶段的发展状况是：①PS-InSAR 技术在大范围地表形变信息提取上已经比较成熟，空间分辨率为 3～80m，形变精度 1～5mm，然而受低相干和大气效应的影响，该技术在非城镇等特殊区域的应用中受到挑战。②GNSS 中的 CORS（continuously operationg reference station）观测网络系统在大桥、大坝等中尺度人工结构物上已经获得了成功应用，监测实时形变精度为毫米至厘米级；基于点源观测的特性阻碍了该技术对大尺度对象空间细节信息提取能力；以上问题已成为制约 GNSS 和雷达干涉技术在大型线状人工地物综合监测的重要瓶颈因素，阻碍了高精度监测自动化水平及战略实施的步伐。

目前，我国自主研发的"北斗"二代系统正在探讨如何利用多模接收机，多差分信息体制获取高精度、快速定位信息。借助 GNSS 实时、连续观测的特性及 InSAR 大范围获取高空间分辨率形变信息能力，解决日常生活中大型线状人工地物形变监测和安全预警变得可行且具有现实意义。为了满足我国交通、物流、能源、水利等部门对先进对地观测和导航技术的应用需求，占领以 GNSS 和雷达遥感为主导的新一代形变监测技术制高点，促进我国对地观测与导航技术及其产业再上一个新的台阶，推动我国自主研发的遥感卫星和"北斗"二代系统民用领域的应用，迫切需要立项研究以增强 GNSS 和雷达干涉技术为主导的综合监测方法，实施对大型线状人工地物的准实时、高精度形变监测，为加强民生、防灾减灾服务。

参 考 文 献

Adam N，Zhu X，Bamler R. 2009. Coherent stacking with TerraSAR-X imagery in urban areas. In：Processing of 2009 Urban Remote Sensing Joint Event，Shanghai，China，20-22 May

Berardino P，Fornaro G，Lanari R，et al. 2002. A new algorithm for surface deformation monitoring based on small baseline differential SAR interferograms. IEEE Transactions on Geoscience and Remote Sensing，40(11)：2375～2383

Colesanti C，Ferretti A，Novali F，et al. 2003. SAR monitoring of progressive and seasonal ground deformation using the permanent scatterers technique. IEEE Transactions on Geoscience and Remote Sensing，41(7)：1685～1700

Ferretti A，Prati C，Rocca F. 2000. Nonlinear subsidence rate estimation using permanent scatterers differential SAR interferometry. IEEE Transactions on Geoscience and Remote Sensing，38(5)：2202～2212

Gabriel K，Goldstein R M，Zebker H A. 1989. Mapping small elevation changes over large areas：differential interferometry. Journal of Geophysical Research, 94: 9183~9191

Ge D, Wang Y, Zhang L, et al. 2010b. Mapping urban subsidence with TerraSAR-X data by PSI analysis. *In*: Proceeding of International Geoscience and Remote Sensing Symposium(IGARSS 2010), Honolulu, Hawaii, USA, 25-30, July, 3323~3326

Ge L, Li X, Chang H, et al. 2010. Impact of ground subsidence on the Beijng-Tianjin high-speed railway as mapped by radar interferometry. International Workshop Spatial Information Technologies for Monitoring the Deformation of Large-scale Man-made Linear Features, Hong Kong, 11-12 January

Hanssen R F, Vanleijen F J. 2008. Monitoring deformation of water defence structures using satellite radar interferometry. http: //www. fig. net/commission6/lisbon. . . / ps03_04_hanssen_mc136. pdf[2008-05-12]

Jiang L, Lin H. 2009. Estimation of TerraSAR-X interferometry for monitoring ground deformation due to civil infrastructure construction. *In*: The 6th International Symposium on Digital Earth, Beijing, 09-12 September

Lanari R, Mora O, Manunta M. 2004. A small-baseline approach for investigating deformations on full-resolution differential SAR interferograms. IEEE Transactions on Geoscience and Remote Sensing, 42(7): 1377~1386

Liu G, Jia H, Zhang R, et al. 2011. Exploration of subsidence estimation by persistent scatterer InSAR on time series of high resolution TerraSAR-X images. IEEE Journal of Selected Topics in Applied Earth Observations and Remote Sensing, 4(1): 159~170

Massonnet D, Rossi M, Carmona C, et al. 1993. The displacement field of the landers earthquake mapped by radar interferometry. Nature, 364: 138~142

Mora O, Mallorqui J J, Broquetas A. 2003. Linear and nonlinear terrain deformation maps from a reduced set of interferometric SAR images. IEEE Transactions on Geoscience and Remote Sensing, 41(10): 2243~2253

Neumann M, Ferro-Famil L, Reigber A. 2008. Multibaseline polarimetric SAR interferometry coherence optimization. IEEE Geoscience and Remote Sensing Letters, 5(1): 93~97

Sandwell D T, Myer D, Mellors R, et al. 2008. Accuracy and resolution of ALOS interferometry: vector deformation maps of the father's day intrusion at Kilauea. IEEE Transactions on Geoscience and Remote Sensing, 46(11): 3524~3534

Schneider R, Papathanassiou K. 2007. Pol-DinSAR: polarimetric SAR differential interferometry using coherent scatterers. *In*: Proceeding of IEEE International Geoscience and Remote Sensing Symposium(IGARSS 2007), Barcelona, Spain, 23-28 July, 196~199

Wang T, Perissin D, Liao M, et al. 2010. Three Gorges Dan monitoring by means of temporal SAR images series analysis. *In*: International Workshop Spatial Information Technologies for Monitoring the Deformation of Large-scale Man-made Linear Features, Hong Kong, 11-12 January

Wegmuller U, Wiesmann A. 2003. Potential of interferometry point target analysis using small data stacks. *In*: Third International Workshop on ERS SAR Interferometry(Fringes 2003), Frascati, Italy, 1-5 December

Wu T, Wang C, Zhang H, et al. 2008. Deformation retrieval in large areas based on multi-baseline DInSAR algorithm: a case study in Cangzhou, northern China. International Journal of Remote Sensing, 29(12): 3633~3655

Zhao Q, Lin H, Jiang L, et al. 2009. A study of ground deformation in Guangzhou urban area with persistent scatterer interferometry. Sensors, 9: 503~518

第9章 城市群大范围地表形变反演

城市群以一两个特大城市为中心,依托一定的自然环境和交通条件构成一个相对完整的城市"集合体",它是我国城市化不断深化的产物,其中京津冀、长三角、珠三角特大城市圈在未来20年仍将主导中国经济的发展。为了促进中部地区崛起、深化西部大开发进程,国家发改委2010年8月公布的《关于促进中部地区城市群发展的指导意见的通知》明确提出了中部地区六大城市群的任务目标和实施纲领,把我国环城市圈发展规划提高到新的高度。然而,城市化的发展必将加剧人类活动对区域生态、环境等因素的影响,大范围地表沉降已成为制约当地经济发展的重要瓶颈。据统计,我国已有96个城市或地区发生了不同程度的地面沉降,包括华东的上海、苏锡常、杭嘉湖、台北等,华北的京津唐和沧州地区,华南的广州、深圳和西部的西安等,年均直接经济损失超过1亿元(段永侯,1998),主要集中在经济发达的城市群。因此,亟需一种快捷、有效的观测手段对我国的城市群地表沉降实时、精确监测并建立响应机制,为次生灾害预警和安全决策提供服务。

得益于对地观测技术的发展,雷达遥感有效地弥补了地面测量技术基于点观测、复测周期长等不足。主动式合成孔径雷达(SAR)具有全天时、全天候、穿透性成像能力,适宜于包括多云多雨地区准实时监测。传统差分雷达干涉测量DInSAR通过利用SAR影像不同时段的相位差,在去除地形和平地相位信息的前提下,可获取厘米至毫米量级地表形变信息(Massonnet et al.,1993;Zebker et al.,1994;王超等,2000)。

随着1999年永久散射体(permanent scatterer,PS)方法的提出(Ferretti et al.,1999),PS-InSAR(Ferretti et al.,2001;Colesanti et al.,2003;Mora et al.,2003;Werner et al.,2003;Lanari et al.,2004;Hooper,2008)在高分辨率、高精度、大范围捕获地表位移表现出独特优势,实践证明它们在长时间缓慢地表形变信息提取应用中是有效的(Tizzani et al.,2007;Chen et al.,2010)。然而,使用当前PS-InSAR方法在大范围城市群地表沉降反演时仍会面临一系列问题,比如不精确卫星轨道引入的残余相位,大范围大气相位估计和去除,大范围城市群形变联合反演等。

9.1 研究发展

大范围地表形变反演起源于小基线集方法(Berardino et al.,2002)。该方法通过多视相干和滤波处理等技术,在降低数据空间分辨率的前提下,增强了相干目标点相位信噪比及空间分布密度,使得跨越若干小范围低相干区(郊区、乡村)成为可能,并具有反演大尺度地表形变场能力。

Lanari等(2004)使用全分辨率小基线集方法获取了意大利那不勒斯城市及周边地区的地表形变场,如图9.1所示。Casu等(2008)首次从原始SAR信号出发,提出了利用小基线集方法反演大范围地表形变、时间序列分析的处理流程，如图 9.2 所示；实验中利用 1992～2000 年 ERS SAR 264 降轨数据，获取了以美国内华达（Nevada）州为中心的 600km×100km 地表形变信息。在 Fringe 2011 研讨会中，Adam（2011）展示了利用 PS-InSAR 监测大范围区域的算法和实例；Cuenca（2011）利用 PS-InSAR 技术分析了荷兰整个国土地表形变规律。此外，永久散射体 PS 技术开拓者——意大利米兰理工大学研究人员及附属公司 Tele-Rilevamento Europa（TRE）完成了对整个意大利地区地表形变的反演，只可惜相关成果报告和技术流程不可获取。

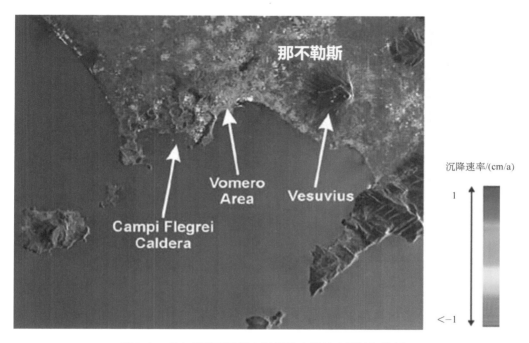

图 9.1　意大利那不勒斯市及周边多视地表累计沉降图
（1992 年 6 月至 2001 年 9 月）（Lanari et al.，2004）

随着我国经济快速发展，以人类活动影响为主导的地表沉降和城市扩张矛盾日益突出。目前因地表沉降引发的地质灾害日益频发（图 9.3），以珠三角地区为例，在 1994～2005 年，灾害造成直接经济损失达 34.7 亿元，人员伤亡 768 例（Zhu et al.，2007）。为此，在国土资源部的牵头下，国内对地表沉降问题日益重视。

目前，中国国土资源航空物探遥感中心 InSAR 课题组正积极推进相关地质调查和地表形变评估工作，并获取了一系列阶段性成果（Ge et al.，2009；2010），如图 9.4，图 9.5 所示。其中，图 9.4 为项目研究选定区域；图 9.5 为利用相干目标 PS-InSAR 技术获得的京津环渤海湾大范围地表形变场，在实施阶段，对三个轨道反演的结果（Track 218，447，175）进行了融合集成。

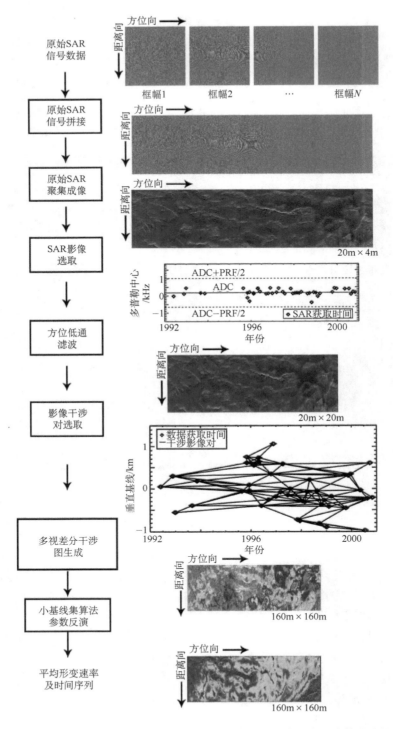

图 9.2　Casu 等(2008)提出的改进小基线集大范围地表形变反演算法流程

图 9.3　地表沉降导致的灾害频发，形势日益严峻

图 9.4　中国国土资源航空物探遥感中心 InSAR 课题组研究区（Ge et al.，2009）

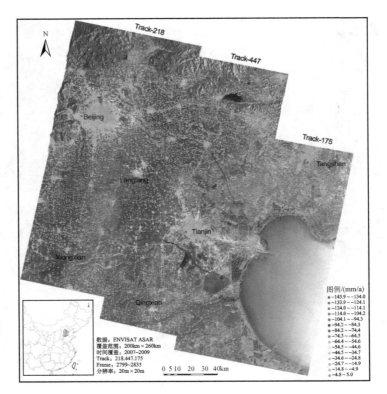

图例/(mm/a)
● -143.9～-134.0
● -133.9～-124.1
● -124.0～-114.1
● -114.0～-104.2
● -104.1～-94.3
● -94.2～-84.3
● -84.2～-74.4
● -74.3～-64.5
● -64.4～-54.6
● -54.5～-44.6
● -44.5～-34.7
● -34.6～-24.8
● -24.7～-14.9
● -14.8～-4.9
● -4.8～5.0

图 9.5　利用基于相干目标法反演获取的京津环渤海经济区地表沉降图（Ge et al.，2010）

9.2　方 法 流 程

为了克服常规 PS-InSAR 在大范围城市群地表监测的局限性，本章提出了一套适应于大范围城市群地表形变反演处理方法。通过对干涉基线误差纠正、形变模型迭代运算和大气延迟效应估计，以期达到毫米级形变反演精度。以 2007～2010 年 ENVISAT ASAR 作为数据源（Track 25，31 景；Track 297，32 景），使用提出的 PS-InSAR 方法获得了珠三角城市群约 150km×200km 地表形变场，并结合历史多时相光学遥感影像、地质资料和实地考察对形变驱动力和时间序列进行了分析。

为了充分地利用干涉图的信息，本研究吸收了小基线集（Lanari et al.，2004）和 QPS（Perissin and Wang，2012）干涉技术多主影像干涉对组合策略，在增加 PS 候选点空间分布密度的前提下，使用形变迭代模型估计形变时间序列和大气延迟相位，具体流程如下。

9.2.1　差分干涉纹图生成

首先在多主影像干涉对组合过程中，为了提高干涉纹图信噪比，在保证干涉图时间维连通前提下控制干涉影像对空间和时间基线，小基线保证了干涉图的相干性。接着，使用卫星轨道数据和 SRTM 数据，模拟并去除干涉纹图地形相位和平地相位，获得差分干涉相位。此时差分干涉相位包含了形变相位、轨道残余误差相位、大气相位、残余地形相位和噪声。形变相位、残余高程误差相位和大气相位将在后续模型迭代反演过程中得以求解。由于干涉对采用了小基线策略，干涉图相干性好、高度模糊度较大，地形对干涉纹图相位影响不显著。在百千米×百千米大范围城市群地表形变反演时，由于不精确卫星轨道引入的系统性轨道残余误差相位仍然不可忽视，可表现为若干 2π 条纹周期；因此对干涉基线距纠正，去除轨道残余相位至关重要。在实施阶段，综合利用卫星星历数据、主辅影像配准偏移量参数和差分干涉纹图，使用迭代运算、估计的策略，来逐步剔除轨道残余相位误差，进而获取精确的基线距和卫星在沿轨向的速度。其中，卫星星历数据和主辅影像配准偏移量参数主要用于平行基线精确估计，而残余相位纹图主要用于垂直基线距的估计。最后，对去除轨道残余相位的干涉图进行滤波，进一步提高影像信噪比及相干性，此时差分干涉相位以形变相位和残余高程相位为主导。

9.2.2 PS 候选点提取

差分干涉图生成之后，为了开展基于点分析的 PS-InSAR 技术，需要对 PS 候选点进行提取。本节 PS 候选点提取采用了低频谱差异性、强后向散射和高相干性三项综合指标。前两项指标一般对应永久散射体，比如桥梁、铁路、建筑物、裸露岩石和角反射器等；目标点在配准复影像上幅度和频谱信息都占主导，大小甚至可以小于 SAR 图像分辨率，在长时间序列 SAR 影像上保持高相干。后一项指标对应高相干点，由于经过多视相干和干涉滤波处理，分辨率同多视影像分辨率保持一致，一般对应地面上高相干区域，如城市区域、岩石区域等。PS 候选点根据策略分三步进行：

（1）首先对配准后的复影像数据逐一进行低频谱差异性分析，获取每幅影像频谱相关图，然后对所有复影像频谱相关值在时间维进行统计分析，获取基于低频差异性的 PS 候选点。为了获取稳健结果，同时引入强后向散射指标，即要求候选点幅度值大于 SAR 影像幅度均值。

（2）利用所有相干图求平均，获取空间平均相干图，以高相干为指标设定阈值，选取平均相干图中高相干候选点。

（3）对（1）～（2）获取的候选点进行合并运算，获取最终 PS 候选点。

本研究 PS 目标点提取采用了多属性联合分析技术，能在提高目标点空间分布密度的前提下，进一步增强提取点目标的置信度。

9.2.3 参 数 反 演

形变时间序列、残余高程误差反演和大气效应去除是获取毫米级沉降信息的关键步骤。在模型迭代运算前，首先需要完成数据准备，包括 PS 点相位信息提取，形变控制基准点选取和 PS 点相位解缠。形变控制基准点一般对应无沉降或沉降信息已知点，最常用的是根据先验知识，提取反演地区中心附近的基岩点或稳定老城区。由于形变迭代模型引入了小基线集策略，在数据输入前，需要对点相位进行解缠(Costantini，1998)。

形变和残余高程反演可通过两种方式来实施：①先高程误差估算，后形变速率及时间序列解求；②残余高程误差和形变反演同步进行。

1. 第一种方案

本方案适用于残余高程误差较为显著情况。在该条件下，残余高程相位在空间上表现为高频。基于该假设，可以首先对差分干涉图进行空间维低通滤波处理；原始差分干涉相位减去低通成分即得高频相位成分，包括残余高程相位、噪声相位、高频形变信息和大气相位。然后，利用高程误差同垂直基线之间的线性关系，利用一维回归模型解求残余高程。

从原始差分相位减去估算获取的残余高程相位，即得以形变相位和大气迟延相位为主导的相位信息。值得注意的是，去除残余高程误差之后，干涉图将变得更为平滑。此时，重新对缠绕差分相位(去除残余高程误差相位之后)解缠，可进一步抑制相位解缠误差。

接下来，我们将引入形变模型，对多主影像相位信息进行时间序列还原。令 t_0 为起始观测时间，模型假设时间段 t_2 总的形变量为 t_0 到 t_1 和 t_1 到 t_2 的总和。因此，在采用多主影像策略及干涉图时间维连接的情况下，任何时间 t_n 的总形变量可通过观测差分形变相位线性叠加生成。为了对多主影像干涉图集进行联合反演，我们采用了奇异值分解算法(SVD)来获取相位时间序列上的最小二乘解。模型在运算过程中，首先计算输入干涉差分形变相位的模拟影像；输入相位减去模拟相位，即得观测残余相位(主要包括残余基线相位、相位解缠误差相位及噪声)。为了尽可能抑制反演误差，可对模型进行迭代运算。多主影像干涉纹图增加了差分相位多余观测值，有利于抑制基线、地形和其他去相干因素引入的相位误差。通过模型迭代估算，可获取观测周期内 SAR 影像获取时刻的时间序列相位。

最后为形变信息和大气延迟相位估计。充分利用累计形变量同线性形变速率、时间基线之间的正比关系，引入一维回归模型来解求形变速率。差分相位减去线性形变相位，即得残余相位(包括非线性形变、大气延迟相位和噪声)。同其他 PS-InSAR 方法，可利用大气延迟相位、非线性形变相位在空间、时间上的不同频率特征，实现非线性形变和大气延迟相位的分离，进而完成整个反演过程。

2. 第二种方案

当残余高程误差较为平滑时，形变信息和残余高程信息可同步反演。具体实施步骤简述如下：首先同第一种方案，利用奇异值分解算法，引入形变模型来还原 SAR 影像获取时刻的相位时间序列(包含形变相位、残余高程相位、大气延迟相位和噪声)。然后，利用差分相位跟时间、空间基线的正比关系，利用二维递归模型同时解求线性形变速率和残余高程误差(同 PS 技术)。最后，从原始差分相位减去线性形变和高程误差相位，即得残余相位；残余相位中的非线性形变和大气延迟相位可通过它们在空间、时间维的不同特性，利用高、低通滤波器加以分离。

9.3 实验及结果

9.3.1 实验区及数据

珠江三角洲位于广东省,包括广东省广州、深圳、珠海、佛山、东莞、中山、惠州、江门、肇庆九个市,以及香港、澳门两个特别行政区(行政区划上不计入珠三角城市),是中国人口密度最高的地区之一,中国南部的经济和金融中心,也是我国三个特大城市圈之一。自从 1978 年改革开放以来,珠三角创造了几项世界纪录:如最快的 GDP 增长率,从 1980 年 80 亿美元到 2001 年的 1000 亿美元(Wikipedia,2011)。快速城镇化增强了人类活动对区域的影响,阻碍了城市群可持续发展。总体来说,污染(Zeng et al.,2008;Stone,2009)、交通阻塞、农田退化(Karen et al.,2000)和灾害频发(Zhu et al.,2007)已经同当地经济快速发展节奏相失调。珠江三角洲地区为典型的平原地貌,其间偶有个别残丘点缀。它地势平坦开阔,区内河渠纵横交错,水网密布,河水受潮水顶托明显。由于河流冲积和海潮的进退作用,在该区广泛沉淀了厚层的海陆交互相软土。该区软土覆有薄层粉细砂层,层次有多有少,并且厚薄不一。软土一般是指天然含水量大、压缩性高、承载力低的一种软塑状态的黏性土。它一般是在静水或缓慢的流水环境中沉积,经生物、化学作用形成的。珠江三角洲软土具有较高含水量、天然孔隙比大、压缩性高、凝聚力小和固结系数小等特性,因此在人类活动影响等外力作用下,极易发生地表形变。此外,因城市化进程需要,该区域填海造陆运动频繁;填海区易发生土层压密、蠕动等地表沉降。

据广东省地质局初步调查成果表明,地面沉降已经成为珠江三角洲主要的地质灾害之一。截至 2003 年底,由地面沉降引发的地质灾害造成的直接经济损失过百亿元。此外,雷州半岛、韩江三角洲及珠江三角的周边地区,由于抽取地下水等种种原因,地面沉降广泛存在,并且有加剧趋势[①]。因此,亟需查明珠江三角洲及其周边地区地面沉降地质灾害现状,建立地面沉降监测网和地下水动态监测网,分析区域地面沉降时空变化规律,并对地面沉降发展趋势进行预测,为防灾、减灾提供参考信息。为此,本研究充分考虑了星载雷达干涉大范围、准实时、高分辨率、高精度等特性,引入 PS-InSAR 技术反演获取珠江三角洲城市群地表形变情况。

为了获取珠江三角洲城市群地表沉降信息,本研究选用了 30 景 Track 297(2007 年 3 月至 2010 年 7 月)和 31 景 Track 25(2006 年 9 月至 2010 年 8 月)ENVISAT ASAR SLC 数据,数据地理空间覆盖如图 9.6 所示,数据相应参数如表 9.1 所示。这两个 Track 数据获取均为 IS2(升轨模式),成像入射角约为 23°,数据采样间隔在方位向为 4.07m,距离向为 3.90m。从图 9.6 发现,Track 297 和 Track 25 数据基本覆盖了该区域深圳、广州等九大城市及港澳地区。

---

① http://big5.xinhuanet.com/gate/big5/gd.xinhuanet.com/newscenter/2010-07/05/content_20250635.htm

表 9.1　轨道(Track)297,25 数据参数表

Track 297			Track 25		
获取日期 (年月日)	垂直基线 /m	时间基线 /d	获取日期 (年月日)	垂直基线 /m	时间基线 /d
20070319	−27	−665	20060906	185	−770
20070423	309	−630	20061011	−41	−735
20070528	269	−595	20070228	−40	−595
20070702	50	−560	20070404	−89	−560
20070806	−109	−525	20070509	12	−525
20070910	−176	−490	20070613	32	−490
20071015	25	−455	20070718	200	−455
20071119	−23	−420	20070822	287	−420
20080512	167	−245	20071031	127	−350
20080616	265	−210	20080109	198	−280
20080721	195	−175	20080213	−95	−245
20080825	−212	−140	20080319	213	−210
20080929	248	−105	20080423	93	−175
20081103	−177	−70	20080702	−133	−105
20081208	330	−35	20081015	0	0
20090112	0	0	20081119	−220	35
20090216	314	35	20081224	39	70
20090427	361	105	20090128	−55	105
20090601	345	140	20090408	−256	175
20090810	−72	210	20090513	−53	210
20090914	−12	245	20090617	−237	245
20091019	59	280	20090722	76	280
20091123	44	315	20090826	229	315
20091228	332	350	20090930	−327	350
20100201	40	385	20100113	−4	455
20100308	13	420	20100217	−159	490
20100412	−143	455	20100324	133	525
20100517	231	490	20100428	−62	560
20100621	−30	525	20100602	153	595
20100726	159	560	20100707	−225	630
			20100811	106	665

9.3.2　实验结果

1. 主影像选取

当获取 Track 297 和 Track 25 数据之后,在数据配准之前,需要选取配准主影像。

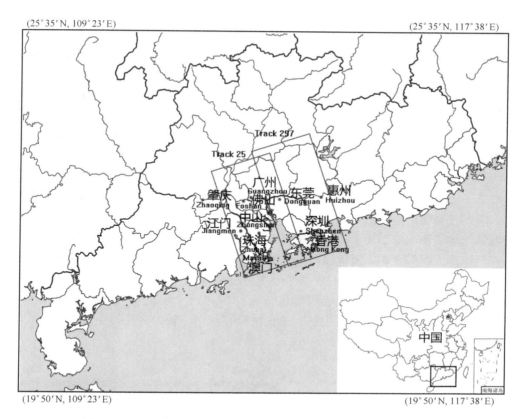

(25°35′N, 109°23′E)   (25°35′N, 117°38′E)

(19°50′N, 109°23′E)   (19°50′N, 117°38′E)

图 9.6　珠江三角洲 ENVISAT ASAR Track 25 和 297 数据足迹覆盖

主影像的选取以干涉影像对组合空间基线、时间基线、中心多普勒频移和天气状况为准则：即要求主影像尽可能位于时间、空间基线二维空间的中心形成星型图，同时主影像中心多普勒频移位于所有影像序列中心；此外，选取主影像成像时刻天气应晴朗，以抑制主影像大气效应误差传递。根据此原则，Track 297、25 数据选取的主影像对应时间分别为 2009 年 1 月 12 日和 2008 年 10 月 15 日。为抑制干涉成图相位混叠效应，在配准之前，对所有影像在距离向进行 2 倍过采样。

2. 干涉图生成和 PS 候选点提取

为了保证干涉图相干性，本研究采用了小基线准则，干涉影像对空间和时间基线阈值分别为 250m 和 120 天。在保证干涉纹图在时间维连通的前提下，采用上述阈值，Track 297 获取的干涉影像对为 41，Track 25 为 50。相干图获取视数为 2×5，对应地面分辨率约为 30m。然后使用星历轨道数据和 SRTM DEM 数据，对干涉纹图去除地形相位和平地相位；综合使用星历轨道、配准偏离量和干涉条纹，纠正空间基线，进一步去除轨道残余相位。最后，对差分干涉纹图进行 Goldstein 滤波处理，提高影像信噪比。如上所述，PS 候选点提取分两步进行。首先利用低频差异性、高幅度值（大于均值）获取每幅 SLC 影像频谱相关图，进而利用时间序列频谱相关系数均值来获取 PS 候选点序列 1（大于 0.4）。PS 候选点序列 2 通过相干图序列的平均相干系数阈值（大于 0.35）获取。

3. 形变、残余高程信息提取和大气效应去除

形变时间序列、残余高程误差通过本研究提出的 PS-InSAR 处理方法估算实现。采用多主影像策略，差分干涉多余观测能有效抑制基线、地形、去相干等干涉处理误差，保证迭代反演结果的可靠性和精确度。实验获取 Track 297 和 Track 25 融合后的地表形变速率场，如图 9.7 所示，在 2006 年年底至 2010 年年中近 4 年半时间内，珠江三角洲城市群沉降呈现小区域(若干平方千米)零星分布现象，形变范围主要在−15~15mm/a。在约 150km×200km 珠江三角洲城市群范围内，我们共提取了 1 407 906 个相干目标点(约 47PS/km²)；较低 PS 目标点空间分布密度是由实验区大范围植被、水体覆盖造成的。此外，从图 9.7 发现，显著地表形变同河流水系分布相关，反映在洪涝-干旱季节更替下，黏土沉积层在冲刷作用下呈现为不稳定。图 9.7(a)和(b)分别展示了广州市和江门市城镇区地表形变细节图。近几年野外观测表明，广州市地表形变同人类活动直接相关。在严重地表沉降区内，以地面塌陷、泥石流和建筑物损坏为代表的地质灾害不断发生。例如，在 2007~2008 年，地铁 5~6 号线严重地表沉降区发生了 6 起地面塌陷事故(Zhao et al.，2009)。江门市地表沉降区分布同城市近十年的扩张模式严格相关，即 80%以上的沉降区位于新经济开发区。地面沉降在江门市较为明显，主要由建设工程引发的软土蠕动和压密造成的。

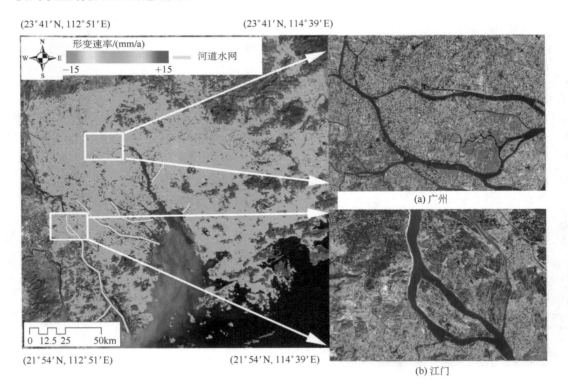

图 9.7　珠三角城市群大范围地表形变图
发现沉降模式同河流水系分布相关，城市地表沉降均以人类活动为主导

9.3.3 误差分析

PS-InSAR 形变反演精度跟相位离散度、干涉图个数及时间基线离散度相关，可使用式（9.1）来估计（Colesanti et al.，2003）：

$$\sigma_v^2 \approx \left(\frac{\lambda}{4\pi}\right)^2 \frac{\sigma_\varphi^2}{M\sigma_{B_t}^2} \tag{9.1}$$

式中，λ 为雷达波长；σ_φ^2 为干涉图相位离散度；M 为干涉图个数；$\sigma_{B_t}^2$ 为时间基线离散度。假设 σ_φ^2 为 1 的前提下，C 波段 ENVISAT ASAR Track 297 和 Track 25 对应的速率估计标准差为 3～4mm/a。

9.4 形变模式地质分析

结合珠三角城市群地表年形变速率图及过去几年实地勘察数据发现，该地区地表沉降同人类活动紧密相关，包括大型市政建设、制造厂分布、新开发区扩展等。除了人类活动之外，第四纪地质是另一个主导因素。在第四纪，大量黏土在西江、北江和东江的河口沉积，最终形成了现在的三角洲地区（Weng，2007）。以广州地区为例，如图 9.8(a)所示，显著地表形变分布同地质断裂带(广州-从化)无明显关联，相反却同第四纪沉积层，尤其是第四纪沉积层(岩性)同古近、新近纪层的边缘分布高度相关；图 9.8(b)表征穿越不同沉积

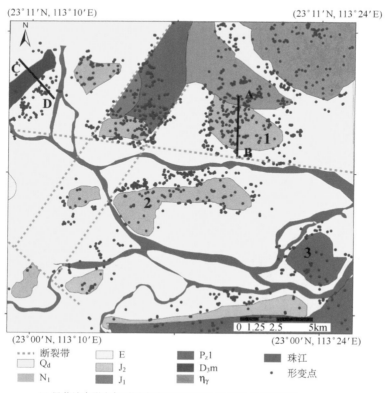

(a) 显著地表形变与不同地质沉积层(岩性)边缘分布高度相关

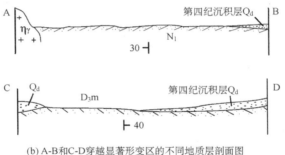

(b) A-B和C-D穿越显著形变区的不同地质层剖面图

图 9.8　广州地区地表形变同地质分布的关系

层(岩性)A-B 和 C-D 剖面图,在该沿线均发生了较为显著的地表形变。不同沉积层土壤孔隙度、含水量等物理参数都不同,因此在相同的外面作用下,可产生不均匀形变过程。所有这些因素在城市发展规划过程中应得到重视。

9.5　形变驱动力分析

珠江三角洲软土地基隶属于不稳定土层,在人类活动影响下,土层内部结构、应力及含水层均会发生改变,进而触发地表沉降。结合历史高分辨率 Google Earth 遥感影像和实地考察结果,总结该研究区域地表沉降的主要驱动力包括四个方面。

9.5.1　城市扩张

珠江三角洲是我国城市化进程发展最快的地区之一。以深圳为例,近 30 年来,该地区已由一个人口约 3 万的小渔村演变为人口超过 1400 万的大都市,城市化的速度及规模,均创世界纪录。城市化进程带来的是大批新开发区的修建。从 ENVISAT ASAR 地表形变反演结果看,珠三角主要形变集中在新开发区,占 70% 以上。新建楼群可对软土进行压密,另外平整土地在交通外力施加下,也能产生压密形变。因城市扩张导致的地表形变如图 9.9 所示。

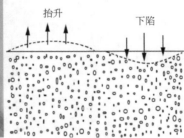

(a) InSAR反演获取的地表年沉降　　(b)实地考察获取的波浪形　　(c) 不均匀地表形变的机理
速率(SPOT为底图)　　　　　　　地表建筑群

图 9.9　城市扩张导致的地表形变(中山开发区)

9.5.2 基础设施建设

大型市政工程建设能改变区域地质构造情况，打破地下水分布平衡。地下土层的挖空，亦能加剧地表发生形变，典型代表之一为广州白云山区金沙洲因武广高速铁路修建导致的地表沉降。图 9.10 表征的是因水利施工（河道水闸建筑）击穿邻近村庄表层地下水隔水层，进而导致小区域严重地表沉降情况。

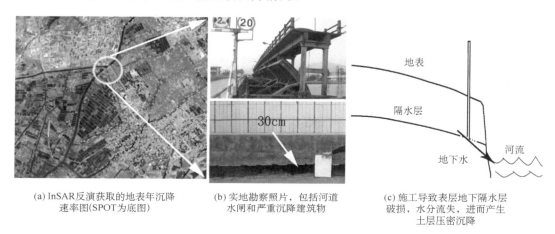

(a) InSAR反演获取的地表年沉降
速率图(SPOT为底图)

(b) 实地勘察照片，包括河道
水闸和严重沉降建筑物

(c) 施工导致表层地下隔水层
破损，水分流失，进而产生
土层压密沉降

图 9.10 基础设施建设引发的地表形变（中山市坦洲镇）

9.5.3 填海造陆

填海造陆是城市用地紧张，人类向临海索取资源的结果。珠三角填海区主要集中在香港、澳门和深圳。填海区土层疏松，在外力压密和土层蠕动等共同作用下，可发生缓慢沉降。典型代表是香港国际机场。图 9.11 展示的是深圳宝安区政府填海区所发生的严重地表沉降情况，若干楼盘小区累计沉降已达 12cm。

(a) InSAR监测效果图(SPOT为底图)

(b) 实地勘察照片

图 9.11 深圳宝安区政府附近填海区沉降

9.5.4　工业地下水抽取

　　经济发展伴随着工业区的扩建。工业区的生产，往往需要耗费大量的淡水资源，从而驱使当地工厂抽取大量地下水，进而引发当地局部地表沉降。图 9.12 为 InSAR 反演形变图，该区域在 Google 卫星影像上人工解译为工厂。从图中发现，工厂附近地表出现了明显沉降，高达 1cm/a。在实地调查中，我们发现该区域周边地表较为稳定，而工业区内建筑、墙角等基建设施均出现了明显的垂直向裂缝，形变机理表征同地下水下沉漏斗吻合。

(a) InSAR监测年沉降速率图(SPOT为底图)　　　　(b) Google Earth遥感影像截图

图 9.12　工业地下水抽取导致地表沉降

9.6　形变时间序列分析

　　如第 4 章所述，PS-InSAR 技术不仅可估算形变速率、残余高程误差和大气相位，而且还可反演目标点形变时间序列。形变时间序列是判断监测目标是否"健康"、是否需要预警的重要信息源。从形变时间序列，我们可以清晰地发现目标在观测区间形变演化模式(加速或延缓)，进而可用于检验管理措施的有效性。例如，针对地下水地表控沉案例，沉降速率减缓、形变拐点出现(形变由前期的沉降转变为后期缓慢抬升)，都可表明地下水开采已得到初步控制；地表抬升更是该区地下水位恢复抬升的有力佐证之一。

　　从 9.5 节分析可见，大范围城市群地表形变驱动力错综复杂；然而得益于形变时间序列分析，我们完全有可能对珠三角城市群的形变驱动力进行判别；如图 9.13 所示。其中，图 9.13(a)表征城市扩张或填海造陆形变模式。在整固第一阶段，城市开发或填海造陆区域，软土表层建筑物和其他基建设施可增强下垫软土或填充物压密、蠕动作用，地表便呈现为快速沉降(平均速率−25.2mm/a)；历经 2～3 年，该区在无附加外力的影响下可自动进入压密第二期，此时地表再次稳定。因基础设施建设引入的地表形变跟施工周期息息相关，如图 9.13(b)所示；从图中清晰可见，在施工期间周边地表表现为严重下沉(平均速率−31.3mm/a)，然而在工期之前或完工之后，周边地表均表征为相对

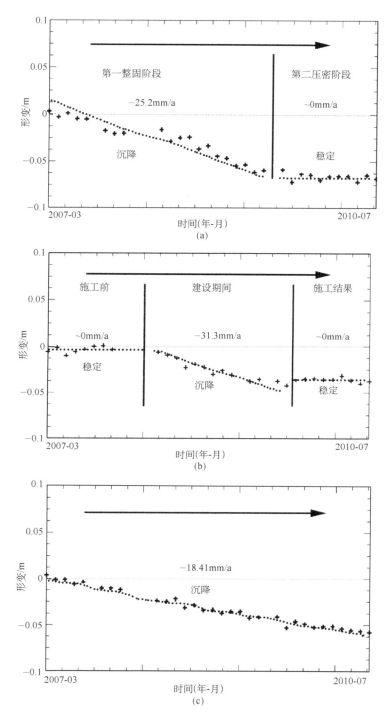

图 9.13　形变时间序列分析

(a)城市扩张或填海区形变演变模式,即在整固第一阶段可表现为显著地表沉降,而当进入第二阶段开始,地表形变再次趋于稳定;(b)基础设施建设引发的地表形变同施工周期直接相关,即在施工期间表征为严重地表沉降,施工之前及之后地表均表现为相对稳定;(c)地下水过度开发地表形变时间序列,地下水位下降可引发开采区域地表持续下沉

稳定。图 9.13(c)表征工业区因抽取地下水引发的地表沉降。在观测周期内不规范、肆意开发可形成地下水区域局部漏斗，形变时间序列表征为持续下沉（平均速率－18.41mm/a），危害周边建筑及供水、供气管道的安全。

9.7 小 结

针对我国快速城市化进程及城市群发展规划，提出了一种基于迭代运算大范围地表形变监测 PS-InSAR 模型。先利用低分辨率 SAR 数据（如 ENVISAT 数据）进行大范围形变探测。在轨道基线纠正和大气效应去除的前提下，模型理论上能达到 3～4mm 地表形变反演精度，可基本满足大范围城市群地表沉降监测与预警需求，为城市群感兴趣靶区近实时获取提供了快捷途径。若要获取感兴趣区高精度形变信息和演变模式，建议进一步利用新型高分辨率星载 SAR 数据（如 TerraSAR-X 或 COSMO-SkyMed）和 PS-In-SAR 模型反演获取。

参 考 文 献

段永侯. 1998. 我国地面沉降研究现状与 21 世纪可持续发展. 中国地质灾害与防治学报，9(2)：1～5

王超，刘智，张红等. 2000. 张北-尚义地震形变场雷达差分干涉测量. 科学通报，45(23)：2550～2553

Adam N. 2011. Wide area persistent scatterer interferometry: algorithms and examples. In: Fringes 2011, Frascati, Italy, 19-23 Septmeber

Berardino P, Fornaro G, Lanari R, et al. 2002. A new algorithm for surface deformation monitoring based on small baseline differential SAR interferograms. IEEE Transactions on Geoscience and Remote Sensing, 40(11): 2375～2383

Casu F, Manzo M, Pepe A, et al. 2008. SBAS-DInSAR analysis of very extended areas: first results on a 60000-km² test site. IEEE Geoscience and Remote Sensing Letters, 5(3): 438～442

Chen F L, Lin H, Yeung K, et al. 2010. Detection of slope instability in Hong Kong based on multi-baseline differential SAR interferometry using ALOS PALSAR data. GIScience and Remote Sensing, 47(2): 208～220

Colesanti C, Ferretti A, Novali F, et al. 2003. SAR monitoring of progressive and seasonal ground deformation using the permanent scatterers technique. IEEE Transactions on Geoscience and Remote Sensing, 41(7): 1685～1701

Costantini M. 1998. A novel phase unwrapping method based on network programming. IEEE Transactions on Geoscience and Remote Sensing, 36(3): 813～821

Cuenca M C. 2011. Surface deformation of the whole Netherlands after PSI analysis. In: Fringes 2011, Frascati, Italy, 19-23 Septmeber

Ferretti A, Prati C, Rocca F. 2001. Permanent scatterers in SAR interferometry. IEEE Transaction on Geoscience and Remote Sensing, 39(1): 8～20

Ferretti A, Rocca F, Prati C. 1999. Permanent scatterers in SAR interferometry. In: Proceeding of IEEE Geoscience and Remote Sensing Symposium(IGARSS 1999), Hamburg, Germany, June 28-July 2

Ge D, Wang Y, Zhang L, et al. 2009. Monitoring urban subsidence with coherent point target SAR interferomety. In: 2009 Urban Remote Sensing Joint Event, Shanghai, China, 20-22 May

Ge D, Zhang L, Wang Y, et al. 2010. Merging multi-track PSI result for land subsidence mapping over very extended area. In: Proceeding of IEEE Geoscience and Remote Sensing Symposium(IGARSS 2010), Honolulu, Hawaii, USA, 25-30 July, 3522～3525

Hooper A. 2008. A multi-temporal InSAR method incorporating both persistent scatterer and small baseline approaches. Geophysical Research Letters, 35: 1～5

Karen C S, Robert K K, Curtis E W. 2000. Landsat reveals China's farmland reserves, but they're vanishing fast.

Nature, 406: 121

Lanari R, Mora O, Manunta M. 2004. A small-baseline approach for investigating deformations on full-resolution differential SAR interferograms. IEEE Transactions on Geoscience and Remote Sensing, 42(7): 1377~1386

Massonnet D, Rossi M, Carmona C, et al. 1993. The displacement field of the Landers earthquake mapped by radar interferometry. Nature, 364: 138~142

Mora O, Mallorqui J J, Broquetas A. 2003. Linear and nonlinear terrain deformation maps from a reduced set of interferometric SAR images. IEEE Transactions on Geoscience and Remote Sensing, 41(10): 2243~2252

Perissin D, Wang T. 2012. Repeat-pass SAR interferometry with partially coherent targets. IEEE Transactions on Geoscience and Remote Sensing, 50(1): 271~280

Stone R. 2009. Macau lannches late bid to cure its Pearl River Delta blues. Science, 324(5933): 1373~1374

Tizzani P, Berardino P, Casu F, et al. 2007. Surface deformation of Long Valley caldera and Mono Basin, California, investigated with the SBAS-InSAR approach. Remote Sensing of Environment, 108: 277~289

Weng Q. 2007. A historical perspective of river basin management in the Pearl River Delta of China. Journal of Environmental Management, 85: 1048~1062

Werner C, Wegmuller U, Strozzi T, et al. 2003. Interferometric point target analysis for deformation mapping. In: Proceeding of IEEE Geoscience and Remote Sensing Symposium(IGARSS 2003), Toulouse, France, July, 4362 ~4364

Wikipedia. 2011. Pearl River Delta. http://en.wikipedia.org/wiki/Pearl_River_Delta[2011-05-02]

Zebker H A, Rosen P A, Goldstein R M, et al. 1994. On the derivation of coseismic displacement fields using differential radar interferometry: the landers earthquake. Journal of Geophysical Research, 99(B10): 19617~19634

Zeng N, Ding Y, Pan J, et al. 2008. Climate change—the Chinese challenge. Science, 319(5864): 730~731

Zhao Q, Lin H, Jiang L, et al. 2009. A study of ground deformation in the Guangzhou urban area with persistent scatterer inferferometry. Sensors, 9: 503~518

Zhu Z, Xie J, Zhang J, et al. 2007. Characteristics of geological hazards in South China coastal areas and impact on regional sustainable development. International Journal of Sustainable Development & World Ecology, 14(4): 421~427

第10章 结语及展望

10.1 结 语

本书从星载 SAR 系统、数据特性和参数出发，先后介绍了雷达干涉原理、干涉处理误差分析和 PS-InSAR 方法。经过几十年的发展，采用多时相、多基线雷达干涉技术，即 PS-InSAR 反演获取地表信息，无论从数据积累，还是方法更新都具有良好的基础。相对传统差分雷达干涉技术而言，PS-InSAR 不仅克服了时间、空间去相干及大气效应影响，而且能最大限度上利用 SAR 信息源，在大气分析、地物分类、地形提取、滑坡监测、地表沉降等领域正展现着其不可或缺的作用，表现在：

(1) 大气延迟相位估计和水汽场产品提取。假设大气延迟相位在空间分布上为低频信号，在时间维表征为高频信号，则 PS-InSAR 技术能从干涉图残余相位中估计大气延迟相位信息。大气相位的物理归因以空气中的水汽不均一分布为主导，因此该数据经过进一步处理，可获取大气科学所关注的水汽分布的时间序列产品数据，为多学科交叉融合及小气候预报服务建立纽带。

(2) 地物分类。考虑 SAR 系统全天时、全天候工作的特性，在多云多雨季风带地区，SAR 在获取的各类对地观测数据中具有独特的优势。基于 SAR 影像地物场景分类一直是遥感界关注的科学问题。目前主流的方法主要利用雷达后向散射或极化信息，由于可利用信息源有限，抑制了分类的精度和实用性。SAR 成像不同于光学遥感，其获取影像具有后向散射幅度和相位双重信息，因此综合利用这两种属性的信息，对地物分类精度的提高是有所裨益的。本书提出利用多时相相干、幅度信息进行场景地物分类，只是抛砖引玉，给读者提供一个可行方案。

(3) 地形信息提取。数字高程模型(digital elevation model，DEM)是制图、数据分析、水文等应用重要基础数据源。传统雷达干涉可生产 DEM，然而鉴于其时间、空间失相关局限性，良好干涉影像对获取较为困难。PS-InSAR 方法可通过模型反演残余高程误差，加上基准 DEM 数据，便可获得改正之后的精确地形信息。相对前者而言，该方法不仅放宽了对数据源的限制，而且在理论上可反演得到垂直向 1m 精度的高程信息，明显优于传统雷达干涉技术对应精度(几米到几十米)。

(4) 滑坡监测和预警。滑坡监测充分利用了 SAR 全天候获取地表信息的能力，结合地形坡度，地表地质类型等信息，可从大范围场景中有效提取不稳定滑坡体，靶区的选定可为灾害预警、防灾减灾提供先验信息。该技术的实施需要以假设不稳定坡体表征为缓慢地表形变为前提，对于那种突发式的泥石流，雷达干涉技术未能提供成功解决方案。

(5) 地面沉降。随着人类社会发展，人类影响地表的活动日益活跃，不稳定地质下垫面极容易触发严重的地面沉降，进而引发一系列的地质灾害。PS-InSAR 技术大范围、高精度获取长时间地表缓慢沉降是有效的,对应精度为毫米级。实际作业中,一般还需要地面观测历史数据做交叉验证和去除系统误差。本书主要探讨了大型线状人工地物形变、大范围城市群地表沉降监测两个热点领域,以国家中长期战略发展规划(高速轨道交通和城市圈建设)为切入点,从多学科交叉寻找突破口,及时提出、解决相关科学问题。

10.2 展 望

目前 PS-InSAR 正进入从科学研究到产业应用的黄金发展期,一系列算法(永久散射体、小基线集、相干目标和 IPTA,StaMPS,QPS,角反射器 PS-InSAR,PSP,层析 PS-InSAR 等)被相继提出并深入发展,以 GAMMA,EarthView,SARScape 为代表的商业软件正积极投入到产业发展中。这对雷达干涉起步晚的我国,既是机遇又面临挑战,我们展望如下:

在软件研发、集成方面,我们发现当前 PS-InSAR 算法存在一定局限性,为了增强雷达干涉技术的应用性,在学习和吸收前人经验的前提下,亟须对这些算法进行软件集成,打破国外专题软件垄断性,增强自主创新能力,推动我国雷达对地观测事业的蓬勃发展。

在新型方法研制方面,作者发现大型线状人工地物和城市群地表监测均是较新的理念,相关理论基础薄弱、研究工作明显不足。因此我们将把它们作为今后工作的努力方向,具体包括两个方面。

10.2.1 大型线状人工地物形变监测模型示范研究

1. GNSS 和 InSAR 联合形变反演

GNSS 和 InSAR 具有很好的互补性:①在空间范围上,GNSS 监测范围仅仅局限于一定区域,而利用 InSAR 可以监测大范围的变形,获取整个场景的变化趋势。②InSAR空间分辨率可以达到米级,提供的是整个区域面上的连续信息;而 GNSS 采集数据空间分辨率不同遥感,监测地表形变基线长度通常为几十千米,不足以满足高空间分辨率形变监测需求,而且需要事先建立监测网,容易受地理环境和运作成本等因素影响。③在时间分辨率上,GNSS 可在很短时间间隔(几秒至数小时)重复采集数据,提供高时间分辨率的观测数据;而 InSAR 重访周期为数天,很难提供足够的时间分辨率。④在形变监测和定位能力上,GNSS 提供绝对坐标,平面定位精度高;而 In-SAR 以遥感成像方式获取数据,提供相对坐标,雷达视线向形变获取精度高(垂直向)。因此迫切需要对两者技术进行融合,发展微波遥感和 GNSS 联合监测模型和方法,包括 GNSS 与 PS-InSAR 形变精度交叉验证,GNSS 辅助干涉相位的解缠和标定,形变反演模型集成等。

2. 线状地物形变模型研究

线状地物形变信息高精度提取的关键在于构建合适的形变反演模型。形变模型的建立能够影响相邻点差分相位模型求解的正确性，越精确的形变模型越能够提高相位模型求解过程中的正确概率。现有的地表形变 PS-InSAR 反演方法多是假设地面以线性变化为主，为了更好地逼近实际的地表形变，改进现有的地面线性形变反演模型，开展高精度的非线性反演模型研究，构建反演模型中的非线性基函数。

3. 基于 QPS 和角反射器 PS-InSAR 低相干区域地表形变反演研究

大型线状人工地物往往分布在以植被为主导的低相干区。QPS 方法能在这些区域最大限度地挖掘地物相干特性，增强非城镇区目标点提取的密度，使得低相干区形变速度场和大气效应的获取成为可能，拓展了传统 PS-InSAR 方法在工程中的应用。研究角反射器与 PS 目标点在几何空间表征为稀疏网格情况下，平地相位和高程相位的补偿问题，深入分析角反射器和 PS 目标点的高程相位和平地相位在稀疏网格的空间几何关系，建立精确补偿模型，进行定量相位补偿。

10.2.2 城市群大范围地表沉降预警平台建设与应用研究

1. InSAR 大气误差的消除

大气扰动在空间分布上是一种低频、大范围信号。小区域地表形变反演其差异性不明显；但在大范围形变反演上，大气扰动便成为 InSAR 处理最主要误差源（干涉图中可引起厘米级的误差）。因此在利用 PS-InSAR 技术监测城市群大范围地表形变时，大气扰动的估计和去除尤为重要。融合 MODIS，MERIS，GPS 等外部手段建立区域大气模型是当前研究的热点；可研究大气扰动时空变化规律及建模，解决大气数据同 SAR 卫星数据分辨率归一化问题，消除干涉图中的系统误差影响。

2. 地表形变虚拟地理环境与预警决策系统

以发展具备建模、模拟、评估、决策等业务化应用运行平台为导向，构建能够融合多源三维建模与监测数据的特定地学过程模型，支持面向城市圈大范围地表形变过程的动态模拟、演化分析以及三维动态可视化，发展具有明显可扩展及高可用性特点的面向地物形变的虚拟地理环境与预警平台，为政府和业务主管部门科学决策提供智力支持。